KoreanArt
우리 문화유산을 찾아서 4

한길아트

앞 | 대웅전 동쪽 회랑에서 본 다보탑과 석가탑
옆 | 석가탑에서 나온 사리장엄 일괄
위 | 석가탑에서 나온 은제 사리호

앞 | 감은사지 동서 삼층석탑
옆 | 감은사지 동탑 사리내함과 외함
위 | 감은사지 서탑 사리병과 사리내함·외함

KoreanArt
우리 문화유산을 찾아서 4

적멸의 궁전 사리장엄
A Study on the Sarira Reliquary of Korea

지은이 • 신대현
펴낸이 • 김언호
펴낸곳 • 한길아트

등록 • 1998년 5월 20일 제75호
주소 • 413-830 경기도 파주시 교하읍 산남리 파주출판문화정보산업단지 17-7
  www.hangilart.co.kr
  E-mail: hangilart@hangilsa.co.kr
전화 • 031-955-2032
팩스 • 031-955-2005

제1판 제1쇄 2003년 5월 1일

값 15,000원
ISBN 89-88360-59-1 04600
ISBN 89-88360-55-9 (세트)

• 잘못된 책은 구입하신 서점에서 바꿔드립니다.

KoreanArt
우리 문화유산을 찾아서 4

적멸의 궁전 사리장엄

신대현 지음

한길아트

신앙을 담아 빚어낸 아름다운 예술품

• 저자 서문

불사리를 모신 전각을 적멸보궁(寂滅寶宮)이라 한다. 적멸이라 함은 '고요히 입멸에 든다' 는 말로, 곧 부처님의 열반을 의미한다. 그러니 적멸보궁은 열반하신 부처님의 사리를 봉안한 보궁이라는 뜻을 지닌 셈이다. 모든 적멸보궁에는 그 안에 따로 불상과 불화를 모시지 않는다. 이미 불신(佛身) 그 자체를 상징하는 불사리를 봉안하고 있으니 다른 어떤 상설(像設)이 필요없기 때문이다. 이처럼 불사리를 곧 여래와 마찬가지로 여겼으므로 불교를 국교로 여겼던 옛날에는 말할 것도 없고 오늘날에도 역시 불사리 친견이야말로 불교도 최대의 열망인 것이다.
한 예를 들어보면, 불교가 한창 흥성했던 7세기 초 중국에서 기록된 「사리감응기」에 다음과 같은 말이 보인다.

> 사리를 석함에 넣을 때 대중들이 그 주위를 에워쌌는데,
> 사문(沙門)이 사리를 봉안한 보병(寶瓶)을 높이 받들어
> 사부대중에게 쭉 둘러 보여주었다. 사람들은 저마다 눈을 비비고
> 바라보았는데 모두들 빛이 밝게 퍼져나오는 것을 보았다.
> 잠시 후 사람들이 감격하며 슬퍼서 울기 시작하니, 그 소리가
> 마치 우레와 같았으며 천지가 진동하는 것 같았다. 무릇 어느
> 곳이나 사리를 안치하는 곳은 이와 같았다.

불사리를 친견한 사람들의 모습이 아주 생생하게 기록되었는데, 당시 사람들이 얼마만큼 불사리를 예경했던가를 아주 잘 알 수 있는 대목이다. 이처럼 불교국가치고 예로부터 불사리를 모시는

사리장엄을 소홀히 했던 나라는 없었다. 그러한 사정은 물론 우리나라도 마찬가지였다.

사실 지금까지 우리나라 공예사 연구에서 사리장엄은 그다지 많은 주목을 받는 분야가 아니었다. 하지만 사리장엄이야말로 당대 최고의 공예기술을 동원하여 만들게 마련이었으므로 공예사 연구에서 결코 소홀히 할 수 없는 분야이다.

필자가 노둔함을 무릅쓰고 사리장엄을 애써 연구하는 이유는 바로 여기에 있다. 필자는 공예사에서 가장 높은 예술적 경지에 이른 것이 바로 사리장엄이라고 여기고 있다. 예를 들어 감은사 동서 삼층석탑의 사리장엄은 세계의 어떤 사리기와 비교해보아도 손색이 없다. 그것은 통일신라의 국제감각을 바탕으로 한 농익은 예술정신이 바탕이 된 찬란한 공예예술품이다. 송림사 사리장엄의 유리 사리병과 잔에서는 최고의 유리제작 기술과 세계 일류의 조형감각이 돋보인다. 또한 불국사 삼층석탑 사리외함의 고졸하면서도 우아한 자태는 얼마나 아름다운지!

고려와 조선의 사리장엄 역시 그 시대의 예술감각을 충분히 반영하고 있음은 물론이다.

사리장엄은 탑이나 부도처럼 야외에 있는 것이 아니라서 쉽사리 다가가기가 어렵다. 이 책에서 다룬 사리장엄 역시 모두 박물관 혹은 사찰에 보관되어 있는데, 그러다보니 사진 촬영이 여의치 못한 경우가 많았다. 사진 가운데는 필자가 직접 찍은 것도 있지만, 위와 같은 이유로 해서 어쩔 수 없이 소장처의 후의에 기댄 것도 많다. 그 가운데 특히 안장헌 선생님, 중앙국립박물관, 국립경주박물관, 동국대학교박물관 등은 사진을 사용하도록 많은 도움을 주었다. 이 자리를 빌려 감사의 말씀을 드린다.

2003년 3월
신대현

A Study on the Sarira Reliquary of Korea

• summary

The Sarira reliquary of Korea become known because of the death of a Buddhist saint, but it originated from the Indian Asoca King's 84,000 piece sarira. The Indian sarira reliquary can be divided by shape into spheres, cylinders, and stupas.

The sarira box from Piprahwa Pagoda is a good example of the sphere type. The Piprahwa Saria box was found in 1898 and was collected by the Gandhara Museum. It was assumed that this sarira box was enshrined in the 4th century B.C.. It is one of the oldest Indian sarira boxes known to exist. Also, the sarira box from the Drona sculpture in the Kizil wall painting is another representative example of an early Indian Sarira box. The cylinder type has several examples: Sarira cases from Maya's Memorial of Lumbini, the Kanishka Pagoda and the Kutsche area in Japan.
We could not find bottoms and the stereobate was unlike the sphere type or stupa type. The cylinder type appeard in the Indian wall painting and relief so we estimated that it was typical of the Sarira case. The stupa type sarira case belongs to the admiration faith for stupa in India, so it represents architecture at that period. It has an important influence in China, Korea and other geographical areas. We found a seventh century B.C. gold sarira case in Henan, China. However, we found more examples in Korea: the seventh century earthen ware Funeral Urn in the Korea National Museum, the nineth century bronze sarira jar at Dongkuk University, and the 9th, 10th century bronze sarira pagoda type in the Horim Museum in Seoul. There are more stupa type examples in Korea than in either China or Japan. Therefore, Korea is generally accepted as positive proof of the Indian sarira reliquary. This Indian period is a transitional period

between the sphere type and the cylinder type.

Buddhism was introduced into China from India in first century and we assume that the sarira faith follows that time. There was not a sarira reliquary before the fifth century B.C., but we can still found multiplex vessels similar to those found in India. The Chinese sarira reliquary was related to the burial culture, so the
burial sarira case type was typical of pieces found in the seventh through ninth centuries in China. In the period of the Northern and Southern Dynasties or Sui and Tang Dynasties, the sarira was recognized as a person's ashes. We can confirm that the sarira was buried in a tombstone. Buddhism was introduced into Korea in the fourth century B.C., but the sarira reliquary was discovered between the latter part of the sixth century and seventh century. The Gameun Temple and the Songnim Temple sarira cases were made in that period. They already had Silla's own originality. The origin of the Royal Palace type of sarira reliquary is not clear. In my opinion, it originated from India or China because the Royal Palace type was for a honorable person. This type was classified on the assumption that Buddha's sarira was recognized as Buddha.

When a sarira was originally enshrined, it had transferring majesty mode. Enshrined sarira might be in the Gameun Temple and the Songnim Temples gold outer sariras. The coffin lid is the most distinguishable part in the Royal Palace type sarira reliquary. It is derived from Dunhuang cave's curtain, and it was applied into elements of architecture. The Gameun Temple outer sarira box is composed of a door and the handroll architectural element and double roof. Therefore, it is a typical type of the Royal Palace type. The developed art object came from Buddhist civilization and Silla's active foreign relations. It is based on expansion of Silla's Buddhist studies. Consequently, the Gameun Temple sarira reliquary reflects Silla's high stand from an international point of view and highly developed culture as well as deep understanding of the Buddhist culture.

However, the Royal Palace type sarira reliquary was technologically hard to make, so the box type was developed such as the Nawonri five stories pagoda inner sarira box. The Bulguk Temple's inner sarira box makes a compromise between the Royal Palace type and the Box type. In the ninth century B.C., various types of sarira reliquary type were made. The Indian influenced stupa type sarira reliquary is an example of such a compromise. Sarira is the way of the enshrinement of multiplex vessels in Korea as well as India and China. The Indian type has a box, a jar, a case, and a bowl. These various kinds of sarira reliquary represents Korea's ancient originality and highly developed art culture. From this research, we can understand how the sarira faith was important to Korean craft.

적멸의 궁전 사리장엄

신대현 | 신앙을 담아 빚어낸 아름다운 예술품 12
　　　　A Study on the Sarira Reliquary of Korea 14

한국의 사리장엄

부처의 유골을 받드는 사리신앙 20

거룩하고 아름다운 사리장엄 38

한국형 사리장엄의 종류 48

다양한 형태의 사리기 56

한국 사리장엄의 공예사적 의의 61

불교 공예미술의 정수 사리장엄

1 송림사 사리장엄 66

2 감은사 동서 삼층석탑 사리장엄 70

3 전 황복사지 삼층석탑 출토 금동 사리외함 74

4 불국사 삼층석탑 사리장엄과 금동 사리외함 78

5 불국사 삼층석탑 사리기 중 은제 사리호 82

6 불국사 삼층석탑 사리장엄 중 『무구정광대다라니경』 85

7 김천 갈항사지 동서 삼층석탑 사리기 87

8 석남사지 출토 영태2년명 납석제 사리호 90

9 전 안성 출토 영태2년명 사리장엄 93

10 영양 삼지동 모전석탑 출토 사리석함과 유리 사리병 96

11 나원리 오층석탑 사리기 99

12 전 남원 발견 금동 보각형 사리기 102

13 익산 왕궁리 오층석탑 사리장엄 104

14 포항 법광사 삼층석탑 사리장엄 108

15 동화사 비로암 삼층석탑 사리장엄 112

16 봉화 축서사 삼층석탑 사리호 116
17 장흥 보림사 남북 삼층석탑 사리장엄 119
18 경주 황룡사지 구층목탑 찰주본기 122
19 도리사 석탑 사리장엄 124
20 경주 동천동 출토 청동 사리함 128
21 문경 내화리 삼층석탑 사리장엄 130
22 봉화 서동리 동 삼층석탑 사리기 134
23 청도 장연사지 동 삼층석탑 사리장엄 137
24 법주사 팔상전 사리장엄 140
25 안동 임하동 전탑지 출토 사리장엄 144
26 광주 서 오층석탑 출토 사리장엄 147
27 의성 빙산사지 오층석탑 사리장엄 150
28 서산 보원사지 삼층석탑 사리장엄 152
29 함양 승안사지 삼층석탑 사리장엄 155
30 월정사 팔각 구층석탑 사리장엄 157
31 순천 동화사 삼층석탑 사리장엄 161
32 전 문경 봉서리탑 사리장엄 164
33 수정 복발탑형 사리기 167
34 금강산 출토 이성계 발원 사리장엄 170
35 남양주 수종사 부도탑 출토 사리장엄 172
36 가평 현등사 사리장엄 176
37 고성 건봉사 사리탑 사리장엄 179

사리장엄 연표 183
사리장엄을 이해하는 데 도움이 되는 자료 188

한국의 사리장엄

사리각(舍利閣)

푸른 연기 걷히고 보계(寶界) 열리니
해와 달 비추는 선도(仙都)일세
산수는 부처님 계시던 영축산이 아니되
누대는 기원정사(祇園精舍)보다 낫도다
서역 부처님의 금빛 사리가
우리 동방에 와서 부도에 모셔져
단박에 도저히 말로 못할 지경에 이르니
가슴 속 티끌 하나 없이 깨끗해지는구나

烟霞開寶界　日月繞仙都
山水非靈鷲　樓臺勝給孤
西天金骨相　東土石浮屠
一入忘言境　塵懷掃地無

설암 추붕(雪巖秋鵬)
『설암잡저』(雪巖雜著) 권3, 1706년 무렵

부처의 유골을 받드는 사리신앙

하나의 불국토로 꾸민 사리장엄

사리장엄을 한마디로 정의하면 불사리 또는 승려의 사리를 모시기 위해 만든 공예품을 말한다. 사리장엄은 불교도들에게는 가장 존귀한 대상으로 인식되는 불사리를 모시는 것이기 때문에 그 당시의 모든 공예기술을 동원해 화려하게 만들게 된다. 이것은 사리장엄이 가장 처음 나타난 인도뿐만 아니라 인도로부터 불교를 받아들임으로써 고대 동아시아의 대표적 불교국이 되었던 한국과 중국, 그리고 일본의 사리장엄 모두에 공통된 현상이다. 이렇게 종교적 목적이 뚜렷한 공예미술품인 관계로 각국의 사리장엄은 비록 시대의 늦고 빠름은 있으나 형태는 기본적으로 비슷한 경우가 많다. 그러나 문화에는 그 나라의 고유함이 짙게 나타나게 마련이므로 우리나라의 사리장엄 역시 인도·중국·일본의 그것과 다른 면이 많다. 사리장엄이라는 공예미술품에는 불교미술품으로서의 공통된 양식이 있지만, 그 나라만의 독특한 형식도 아울러 보이는 것이다.
예를 하나 들어보겠다. 말할 것도 없이 사리장엄은 불교발생국인 인도에서 처음 나타났다. 그런데 인도 고유의 사리기 가운데 사리가 놓이는 부분인 함체가 둥근 것이 있다. 이른바 원구형(圓球形) 사리장엄이다. 이러한 형태는 중국이나 일본에서는 보이지 않으며, 우리나라에서도 그 동안 유례가 없는 형식으로

사리 | '사리'(舍利)라는 말은 팔리(Pali)어 Sarira를 중국에서 소리 나는 대로 한자로 옮겨 적은 것인데, 석가여래의 신골(身骨)을 뜻한다. 기원전 5세기 무렵 석가 부처님이 사라쌍수(沙羅雙樹) 나무 아래에서 열반하자 제자와 신도들이 인도의 전통 장례에 따라 다비(茶毘, 화장)했는데 그때 나온 유골이 바로 사리이다. '설리라'(設利羅) 또는 '실리라'(室利羅)라고도 하는데 이 말 역시 중국에서 소리나는 대로 옮겨 적은 것이다. 굳이 한자로 번역한다면 유신(遺身)이나 영골(靈骨)이라 할 수 있다. 요즘 우리가 흔히 말하는 진신사리(眞身舍利)가 바로 불사리이다. 승사리(僧舍利)는 승려의 사리를 말한다.

피프라바(Piprāhwa) 대탑
출토 납석제
원구형 사리호.
인도 간다라박물관 소장.
BC 4세기 말에 조성된
사리기로, 뚜껑 정상에
달린 꼭지가 호형(壺形)인
점이 특징이다. 특히 뚜껑
위끝에 석가모니의 사리를
봉안하였다는 내용의
고대 문자가 빙 둘러
새겨져 있다. 이 사리기는
인도 사리 용기의 초기
형태로 보인다.

알려져 있었다.
그러나 사실은 우리나라의 사리장엄에도 이러한 형식이 있다. 고려시대와 조선시대의 부도탑(浮屠塔) 탑신이 바로 그것이다. 부처님의 사리, 곧 불사리를 봉안한 조형물을 불탑이라 하는 데 비해 승려의 사리를 모신 것을 부도탑이라 한다. 불사리와 승사리라는 차이는 있으나 부도탑 역시 사리를 봉안한 사리장엄의 일종임은 분명하다. 그런데 이 부도탑에서 앞서 말한 인도 고유의 원구형 사리장엄 형식이 보이는 것이다.
이러한 예들은 우리 주위에서 쉽게 확인할 수 있다. 서울 경복궁

봉인사 사리탑.
광해군이 왕세자의
만수무강을 기원하며
봉인사 부도암에
세운 사리탑이다.
일제강점기인 1927년에
일본으로 반출되었다가
1987년에야 비로소
우리나라로 되돌아오게
되었다.

정원에 전시되어 있는 정토사(淨土寺) 홍법국사실상탑(1017년)을
비롯하여, 전라북도 완주 봉서사(鳳棲寺) 진묵 일옥(震默一玉)
조사의 부도, 전라남도 순천 송광사(松廣寺)의 보조국사 사리탑,
서울 경복궁의 봉인사(奉印寺) 사리탑, 충청북도 보은

사리장엄 | 사리를 봉안하기 위하여 만든 다중(多重)의 용기를 포함한 일체의 장엄물을
말하며, 사리장엄구(舍利莊嚴具) 또는 사리장치(舍利藏置)라고도 한다.
장엄(莊嚴)이란 일반적인 정의로는 '엄숙하고 위엄이 있음'이라는 의미인데,
불교미술에서 장엄이라 할 때는 어떠한 대상을 엄숙하고 위엄있게 꾸민 상태를
가리킨다. 그래서 '사리장엄'이라 하면 사리를 보관하기 위한 것뿐만 아니라 엄숙하게
보이도록 만든 용기를 의미한다. 사리장엄으로는 사리병·사리합·사리호·사리함 등
직접적으로 사리를 봉안하는 사리기가 있고, 그 밖에 공양물로
유리·마노·호박·수정 등의 보석류와 『무구정광대다라니경』과 『금강경』 등의
경전이 포함되기도 한다. 한편 탑의 기단부에서 유물이 나오기도 하는데, 이것은 탑이
지기(地氣)를 잘 받을 수 있도록 기원하는 의미에서 넣는 지진구(地鎭具)로서
사리장엄이나 공양구와는 구별된다.

복천사(福泉寺)의 학조 등곡(學祖燈谷) 부도탑, 수암당(秀庵堂) 부도탑(1480년), 충청남도 부여 무량사(無量寺)의 팔각원당형 부도, 그리고 전라남도 화순 운주사(雲住寺)의 원형 다층석탑 등이 바로 그것이다. 사진에서 보는 바와 같이 탑신이 원형을 이루고 있는데, 바로 인도의 원구형 사리기에서 영향을 받은 것이다. 이처럼 한국의 사리기 형식을 다른 나라의 예와 비교해 보면 인도 사리기 형식에 영향받은 바가 많았음을 알 수 있다.

그렇다면 우리 고유의 문화가 녹아든, 그래서 인도나 중국·일본 등지에서는 도저히 비교될 만한 작품을 찾아볼 수 없는 사리기는 없을까. 필자는 그 대표적인 예로 주저없이 감은사 사리기를 든다. 감은사 사리기는 외함과 내함으로 구분되는데, 네 면에 사천왕상이 부조된 외함, 그리고 불사리를 봉안한 내함의 의장(意匠)은 다른 나라 사리장엄에서는 시대를 불문하고 나타나지 않는다. 감은사 내함은 하나의 불당(佛堂)을 표현한 것인데, 불사리를 곧 부처님으로 보고 보각(寶閣) 안에 모신 것을 상징한다. 단순히 불사리 봉안만을 위하여 사리기를 제작한 것이 아니라 사리기 내부를 하나의 불국토로 생각하고 꾸몄던 것인데, 이러한 상상력이야말로 다른 곳에서 볼 수 없는 탁월한 점이다. 게다가 사리내함 주위의 장식 하나하나에도 특별한 의미가 농축되어 있다. 지금 이 자리에서 모든 장식의 상징성을 하나하나 다 말할 수는 없지만, 감은사 사리기의 특별한 의미에 대해서는 말할 수 있을 듯하다.

감은사 사리기는 동서 양탑에서 각각 1기씩 발견되었다. 서탑의 것은 1959년 감은사지 발굴과 함께 실시된 탑의 해체 복원 때 발견되었고, 동탑의 사리기는 1996년에 역시 해체 복원하는 과정에서 발견되었다. 7세기 중후반에 만든 것으로 생각되는 두 탑의 사리기는 서로 매우 닮았는데, 세부를 가만히 들여다보면 다른 점도 적잖게 있음을 발견할 수 있다. 예를 들면 서탑

감은사 동탑 사리장엄 중 사리외함·사리내함·사리병. 사리외함의 사방 네 면에 각각 방위신인 사천왕상을 부조하였다. 외함의 뚜껑은 방추형에 위로 모아지는 모습인데, 이러한 것을 복두형(覆斗形)이라고 한다.

사리내함의 사리병 주위에 주악상(奏樂像)이 있는 것에 비해 동탑의 그것에는 무인상(武人像)과 승상(僧像)이 배치되어 있다. 또한 서탑 내함 사리병 주위에는 난간만 있으나 동탑의 사리내함에는 난간과 더불어 문이 달려 있다. 이 문은 개폐될 수 있도록 장치되어 있다. 사리병 내에 봉안된 사리의 수도 차이가 있는데, 서탑에서는 단 1과만 발견된 데 비하여 동탑에서는 54과가 발견되었다. 54과 중 일부는 수정과 마노 같은 보석류이지만, 이것을 빼더라도 사리는 수십 과나 된다.

이 같은 차이는 결코 우연이 아니며, 또한 단순히 변화를 준 때문만도 아니다. 학자들 가운데는 그 이유를 두 사리기에 봉안한 사리의 내용이 서로 달라서 그랬던 것이 아닐까 생각하기도 한다. 다시 말해서 서탑의 사리는 불사리이고, 동탑의 사리는 감은사를 자신의 원당으로 삼았던 문무왕의 사리라고 보는 것이다. 사리병 주위로 배치된 상설(像設)이 다른 것은, 불사리의 경우 불신과

감은사 동탑 사리내함. 상대·중대·하대로 구성된 기단부와 기둥과 천개로 이루어져 있다. 천개는 중국 돈황벽화에 보이는 상장(牀帳)을 응용한 것이다.

똑같이 인식하였으므로 부처님의 공덕을 찬양하기 위하여 주악공양상을 배치한 것으로 풀이해볼 수 있다. 이러한 예는 범종이나 기타 조형물에서도 얼마든지 들 수 있다. 또한 동탑 사리내함 난간에 따로 문이 시설된 것은 인간이 지상에서부터

사리병 | 여러 사리장엄 가운데서 사리를 직접 담는 용기가 사리병(舍利瓶)이다. 사리병은 통일신라시대에는 유리로 만든 것이 가장 많았는데, 이는 당시 사람들이 유리를 매우 귀하게 여겼기 때문이다. 우리나라에서 유리 사리병이 처음 등장한 것은 7세기 무렵이다. 국제적으로 보더라도 그 무렵부터 중앙아시아와 유럽 등지에서 유리가 고급 용기로 인식되었으므로 신라에 유리 사리병이 많은 것은 그와 무관하지 않다. 그 밖에 수정이나 금·은·청동 등의 귀금속, 그리고 드물게는 목제도 있다. 고려시대가 되면 유리는 거의 없고 수정이나 청자 또는 금속으로 만든 사리병이 나타나는데, 이것은 점차 유리 산업이 위축됨에 따라 다른 재료로 대체되었기 때문이다. 조선시대에 와서는 유리 사리병은 전혀 없고 금속 및 자기만 나타나고 있다.

올라간다는 의미로 해석된다. 서탑에서야 불사리가
봉안되었으므로 이같은 문이 있을 필요가 없다. 물론 이러한 주장에
대해서 몇 가지 반론이 제기될 수 있다. 우선 불사리와 사람의
사리가 어떻게 동격으로 봉안될 수 있느냐고 반문할 수 있을
것이다. 그러나 삼국통일을 이룩함으로써 신라에 최대의 영광을
가져다준 문무왕의 특별한 존재감, 그리고 감은사가 그의
원찰이나 다름없다는 점으로 볼 때 그러한 일은 충분히 상정할 수
있다고 보는 것이다. 이러한 점은 감은사 동서 삼층석탑의
두 사리장엄을 서로 정밀하게 비교 분석해 본다면 나름대로 확실한
판단이 설 수 있을 듯하다.

부처님의 신골 사리
부처님 열반 뒤 다비하여 나온 사리가 곧바로 탑에 봉안됨으로써
탑의 역사가 시작되었다. 따라서 최초의 사리는 부처님의 사리,
곧 불사리(佛舍利)이다. 물론 이 지고한 불사리를 탑 안에 그대로
안치하지는 않았고 어떤 용기를 따로 마련하여 그 안에 넣고 탑에
봉안하였다. 이러한 용기는 주로 병이나 그릇과 상자, 또는
자그마한 탑 모양으로 만들었는데, 이것을 사리장치 혹은
사리장엄이라 한다. 최근에는 대체로 사리장엄이란 말을 쓴다.
사리장치라 하면 어떤 '기계장치'가 연상되기 때문이다. 그 밖에
사리구(舍利具)·사리장엄구·사리기(舍利器)라는 말도
사용하는데 사리를 장엄하기 위하여 마련된 일체를 사리장엄이라
하고, 그 가운데 하나하나의 작품을 사리기라 부르는 것이
무난하리라 본다.
불사리는 당시 사람들에게 매우 존숭되어 누구나 갖기를 원했다.
당시 인도는 한 국가로 통일된 것이 아니라 여러 부족으로 나뉘어
있었는데 각 부족마다 부처님 사리에 욕심을 냈다. 이로 인해
일촉즉발의 전쟁 직전까지 가는 험악한 분위기가 형성되었는데,

사리팔분도 모사도. 키질(Kizil) 제22굴 벽화에 그려진 석가모니 사리팔분도이다. 이 벽화는 1913년 일본의 오타니(大谷) 탐험대에 의해 일본으로 반출되었다가 제2차세계대전의 혼란 속에서 소실되어버렸다. 이 그림은 전쟁 직전 일본인 화가 하세가와(長谷川路可, 1897~1967)가 모사한 것으로 현재 국립동경박물관에 소장되어 있다.

이때 한 승려가 나타나 여덟 부족에게 골고루 사리를 나누도록 조정을 하여 지혜롭게 해결했다. 이것을 이른바 사리팔분(舍利八分)이라 한다. 이처럼 당시 사람들은 전쟁을 무릅쓰고라도 얻으려 했을 만큼 사리를 귀하게 여겼다. 사리신앙은 여기에서 기원한다.

삼국시대에 처음으로 전래된 진신사리

불사리신앙은 인도나 중국에 못지않게 고대 한국에서도 널리 성행했다. 불사리, 곧 진신사리에 대한 옛사람들의 인식을 가늠할 수 있는 대목이 『삼국유사』「탑상」요동성육왕(遼東城育王)조에 있다.

> 옛날 전하는 바에 따르면 인도의 아육왕이 귀신의 무리에게 명하여 매양 9억 명이 사는 곳마다 하나의 탑을 세우게 하였는데, 이와 같이 하여 염부계 안에 84,000기를 세워 큰 바위 가운데 숨겨두었다고 한다. 지금 곳곳마다 상서가 나타남이 한둘이

아닌데, 대개 진신사리는 감응을 헤아리기 어렵기 때문이다.

아육왕이란 곧 인도 마우리아왕조의 제3대 아소카(Aśoka, BC 272?~BC 232?)왕을 말하는데, 불교를 극도로 신봉하여 인도 전역에 불교를 크게 전파하고 흥륭시켰다. 그는 또한 8국에 나누어 봉안한 부처님 사리 중 7국의 불사리를 모아 그것을 84,000개로 나누어 같은 숫자의 탑 안에 하나씩 봉안하였다고 전한다. 위에서 든 『삼국유사』의 내용은 이러한 인도의 전승을 정확히 이해하고 있음과 아울러, 진신사리에서 나타나는 감응과 상서를 신라 사람들이 그대로 믿고 있음을 나타낸 것이어서 당시 사람들이 불사리에 대하여 최대의 존숭을 보였다고 말할 수 있을 것이다. 실제로 고구려·백제·신라 삼국은 불교 전래 이후 불사리를 갈망하여, 581년에서 618년까지 존속했던 중국 수(隋)나라에 사신을 보내어 불사리를 모셔오려 했다. 예를 하나 더 들어본다.

> 고구려·백제·신라의 사신이 각각 본국에 가져가서 탑을 세워 봉안할 사리 1매씩을 청하니, 황제가 조서를 내려 이를 모두 허락하였다.

이것은 『광홍명집』(廣弘明集) 권제17 「경사리감응표」 (慶舍利感應表)에 있는 말인데, 이 기록을 통하여 삼국이 얼마만큼

사리신앙 | 사리신앙이란 글자 그대로 사리에 대한 종교적 숭앙을 말한다. 처음에는 부처님의 유골인 불사리를 불신(佛身)과 똑같이 인식하여 불탑에 봉안하였으나, 나중에는 고승의 사리도 존숭하여 별도로 모셨다. 이 경우 고승의 사리를 승사리(僧舍利)라 하고, 그것을 안치한 시설물을 승탑 혹은 부도(浮屠)라 한다. 불사리를 신앙한 것은 석가모니의 영혼이 사리에 깃들여 있다고 여겼기 때문이다. 예로부터 불사리에 연관된 이적(異蹟)과 영험담이 수없이 전해졌고, 그 가운데 상당수는 문헌으로 기록되었다. 사리신앙의 결과로 탑파가 발생하였으며, 아울러 사리장엄이 나타나고 발전하게 되었다. 신앙적으로 가장 고귀한 대상인 불사리를 봉안하기 위하여 당대 최고 수준으로 사리기를 꾸몄으므로 사리장엄은 대부분 공예적으로 우수한 작품이 많다.

당 법문사 칠층보탑 출토 백옥 아육왕탑.
9세기 중국 당나라 때 불지(佛指) 사리를 넣기 위하여 만든 사리탑이다. 실제로 인도 아육왕이 불사리를 봉안하기 위하여 만든 탑은 아니지만, 그처럼 불법을 널리 전파하기 위하여 불지 사리를 봉안하였으므로 그렇게 이름붙인 것이다. 전체높이는 78.5cm

사리를 원하고, 또한 사리신앙이 어느 정도 유행했는가를 짐작해볼 수 있다.

삼국시대에 꽃핀 불사리신앙

우리나라에서 사리가 본격적으로 신앙된 것은 삼국시대이며, 이때 처음으로 불사리가 전래되었다. 기록에 의하면 삼국 중 신라에 가장 먼저 불사리가 들어왔다. 중국의 사신 및 중국에 유학간 학승(學僧)들에 의하여 전래된 것인데, 『삼국사기』 「신라본기」 권제4 진흥왕조에 다음과 같이 기록되어 있다.

진흥왕 10년(549) 봄에 중국 남조인 양(梁)에서 신라의
구법입학승(求法入學僧) 각덕(覺德)이 귀국하는 길에 사신
심호(沈瑚)를 함께 파견하여 불사리를 보내오므로 왕이 백관과
함께 경주 흥륜사(興輪寺) 앞길까지 나가 맞아들였다.

이것이 우리나라에 최초로 사리가 전래된 기록이다. 진흥왕 자신은
불사리 친견을 계기로 스스로 법운(法雲)이라는 법명을 지었으며,
머리를 깎고 승려가 되었다. 이렇듯 불사리는 그 자체로
왕에게까지 발심을 일으켜 승려가 되게 할 정도로 절대적 신앙의
대상이었다. 이어서 576년(진지왕 1)에 당시 신라의 최고 지성인
가운데 한 사람으로 꼽히던 안홍(安弘)이 중국 진(陳)나라에 가서
불사리를 갖고와 봉안했다는 기록이 있다(『삼국사기』「신라본기」
권4 진흥왕 37년조).
그런데 우리나라 최초로 중국 양나라에서 전래된 이 불사리는 그후
어떻게 되었을까. 우리의 역사유물, 특히 문화재치고는 드물게 그
뒤의 행방이 비교적 뚜렷하게 남아 있다. 우선 582년(진평왕 4)
진흥왕의 손자인 진평왕의 명에 따라 대구 동화사(桐華寺)에
1,200과(顆)를 봉안했으며, 나머지 불사리 역시 여러 사찰에
분안했다. 863년에 경문왕은 약 25년 전쯤에 불행하게 죽은
민애왕을 위하여 석탑을 세우고 동화사에 봉안되었던 불사리를

사리 이운 | 다비하여 나온 사리를 법식에 따라 봉안할 탑 혹은 부도까지 모시고 가는
의식을 사리 이운(移運)이라 하는데, 특히 불사리의 경우에 주로 적용한다. 역사상
최초의 사리 이운은 실존 인물인 석가모니가 인도 쿠시나가라에서 입적하자 제자와
신도들이 다비되어 나온 불사리를 탑에 모시기 위해 옮긴 경우이다. 부처님의 입적 후
불사리는 곧 불신(佛身)으로 인식되었으므로 당시 매우 성대히 시행되었을 것이며,
훗날에도 이 불사리 이운을 조각이나 회화에 형상화하는 예가 많았다. 우리나라에서는
경주 금장리 금장대에서 출토된 통일신라시대의 석주(石柱)와 고려시대의 법천사
지광국사현묘탑 부도 탑신 등에 사리 이운 장면이 조각되어 있다.
최근에는 탑에서 나온 불사리를 여러 신도에게 보여주고 참배토록 하는 친견(親見)
행사를 위하여 일정한 장소로 옮기는 경우가 있다. 이때 엄정한 법식에 따라 행사가
진행되고 불사리가 옮겨지는데 이것 역시 사리 이운이라고 말한다.

다시 봉안했으며, 이 탑은 다시 876년에 지금의 자리인 동화사 금당 앞으로 옮겨졌다.

이렇듯 양나라에서 전래된 사리가 진흥왕에 의해 봉안되고, 그의 손자 진평왕이 동화사에 안치했는데 그 뒤 경문왕이 민애왕을 위하여 이 불사리 중 7립을 꺼내 새로 세운 탑 안에 봉안하고, 이 탑이 얼마 후 동화사 금당 앞으로 옮겨졌다는 내용은 조선 말기의 학자 허훈(許薰, 1836~1907)이 지은 「금당탑기」(金堂塔記)에 나와 있는 이야기이다. 이 「금당탑기」는 우리나라의 몇 안 되는 사리관계 기사로 매우 중요한데, 아쉽게도 저자인 허훈에 대해서는 자세히 알 수가 없다. 다만 호가 방산거사(舫山居士)이며, 1888년(고종 25)에 간행된 괄허 취여(括虛取如) 스님의 문집인 『괄허집』에 서문을 쓴 것으로 보아 불교에 관심이 깊었던 문인인 것은 알 수 있다.

경문왕이 봉안한 불사리를 담았던 사리장엄은 1958년에 발견되어 '민애대왕사리호'라고 불린다.

굴곡 많았던 불사리 봉안의 역사

그 다음에도 역시 중국을 통해 신라가 불사리를 받아들였다. 『삼국유사』에 의하면 643년(선덕여왕 12) 당대의 유명한 고승 자장(慈藏)이 당(唐)에서 참선수도할 때 문수보살을 만나 불두골(佛頭骨)·불아(佛牙)·불사리 등 100립과 부처님의 옷인 비라금점(緋羅金點) 한 벌을 받아 가져왔다고 한다. 자장은 이 불사리를 셋으로 나누어 황룡사탑, 태화사탑, 그리고 가사와 함께 통도사의 금강계단에 두었다. 황룡사탑, 곧 황룡사 구층목탑은 고려 때 몽고군에 의해 소실되어버렸고, 울산에 자리했던 태화사탑 역시 지금은 그 실재를 잘 알 수 없으나 통도사 계단의 사리는 지금도 여전히 그 자리에 봉안되어 있다.

그런데 이 통도사 금강계단에 봉안된 사리도 사실 그 동안 우여곡절이 많다. 자장이 중국에서 가져온 불사리는 통도사 금강계단에 잘 봉안되어 있다가 조선시대에 이르러 1592년(선조 25)에 일어난 임진왜란 때 왜구에 의해 약탈당하고 말았다. 임진왜란이 끝나고 조선과 일본 간에 어느 정도 외교적인 관계가 복원되자 조정에서는 전쟁 때 일본에 포로로 잡혀간 사람들을 환국시키기 위한 노력을 기울였다. 이러한 강화사절의 한 사람으로 당대의 고승이자 전쟁 때 의승군을 지휘하여 혁혁한 공을 세운 사명대사(泗溟大師) 유정(惟政, 1544~1610)이 임명되어 일본에 건너갔는데, 이때 왜군이 약탈해 간 통도사 불사리를 되찾아왔다. 사명대사는 이 불사리를 통도사 금강계단에 다시 봉안하는 한편, 이 가운데 12과를 나누어 금강산 건봉사에 두었다. 통도사가 지리적으로 일본에 가까워 그만큼 왜적의 침탈을 받기 쉬우므로 안전하게 불사리를 봉안할 또 다른 장소가 필요했기 때문이다.

건봉사의 불사리는 1724년(경종 4)에 부도 형식의 사리탑에 봉안되다가, 지난 1984년 대학 학술조사단을 사칭한 일당에게 도굴되었다. 그런데 도굴범들 꿈에 부처님이 나타나 어서 사리를 제자리에 가져다놓으라고 질책했다고 한다. 똑같은 꿈을 며칠 동안 꾸게 되자 도굴범들은 겁에 질려 절에 사리를 되돌려보냈다. 결과적으로 이 사건으로 인하여 사람들은 비로소 300여 년 만에 자장법사가 중국에서 가져온 이 불사리를 친견할 수 있었다.

계단 | 계단(戒壇)은 사찰에서 승려들에게 계를 수여하는 장소로, 금강계단, 혹은 방등계단(方等戒壇)이라고도 한다. 지면보다 높다랗게 단을 쌓고 난간을 둘러 성소임을 표시하며, 그 중앙에 불사리를 봉안한 부도를 세웠다. 이는 부처님의 제자인 승려들이 종조(宗祖)인 석가모니 부처님에게 직접 계를 받는 것을 상징하는 것이다. 우리나라 최초의 계단은 경상남도 양산의 통도사에 있는, 신라시대 자장이 세운 방등계단이며, 여기에 중국에서 모셔온 불사리를 봉안하였다. 계단이 사리장엄에서 중요한 것은 계단이 곧 사리를 봉안한 일종의 사리장엄이기 때문이다. 계단은 불가에서 매우 중요한 의미를 지니는데, 대표적인 곳으로 통도사를 비롯하여 대구 용연사, 전라북도 김제 금산사, 경기도 장단 불일사 등이 있다.

건봉사의 이 불사리는 진신사리 중에서도 매우 보기 드문 치아사리여서 더욱 신이함을 자아냈다.

불사리의 이적, 변신사리

851년(문성왕 13)에 원홍(元弘)이 중국에서 불아(佛牙)를 가지고 왔다. 이로써 중국에서 신라에 불사리가 전래된 것은 549년·576년·643년·851년의 4회에 이른다. 가져온 불사리의 매수는 549년에 '약간 립', 643년에는 100과였다. 불사리를 탑파에 봉안한 사례를 보면 연대가 확실한 것이 총 24점으로 집계되며, 봉안된 불사리는 총 1,300여 매를 헤아린다.

여기에서 사리를 세는 단위의 이름을 한 번 생각해 보도록 한다. 조금 전에 필자도 썼지만, 지금까지 사리를 헤아릴 때 '립'(粒)·'과'(顆)·'매'(枚) 등의 말을 사용했다. 그렇지만 사실 이 세 가지 단어는 서로 비슷한 말로 커다란 차이는 없다. 자전(字典)적인 의미로는 립은 쌀알처럼 생긴 둥근 모양을, 과는 작고 둥근 모양을 말하므로 립·과 모두 작은 사리를 가리키는 의미로 썼음을 알 수 있다. 굳이 구분한다면 립보다 과가 좀 더 커다란 사리를 뜻한다고 생각해 볼 수는 있다. 그리고 매는 이 둘을 한꺼번에 쓸 때 표현하는 말일 것이다.

어쨌든 이렇게 보면 중국에서 전래한 불사리의 수량보다 현재 전하는 불사리의 숫자가 훨씬 많다. 이러한 차이는 기록에 없는 불사리 전래가 실제로는 훨씬 많았다는 얘기가 되며, 그만큼 불사리신앙이 융성했던 것을 알 수 있다. 혹은 불교에서 말하는 분사리 또는 변신사리(變身舍利)의 개념으로 설명할 수도 있다. 분사리란 이름 그대로 하나의 사리를 여럿으로 나누는 것을 말하며, 변신사리란 하나의 사리가 여러 개로 늘어난 것이나 혹은 없던 사리가 저절로 생겨난 것을 말한다.

통일신라 이후 불교가 국교가 되면서 국토 전역에서 불탑 건립이 이루어졌으므로 불탑 안에 봉안할 불사리가 많이 필요했을 것이다. 이때 한정된 수량의 불사리를 늘리는 최선의 방법이 분사리였다. 그런데 사리라는 것은 물리적으로 한정된 것이므로 아무리 분사리를 하여도 불교의 확장에 따라 넘쳐나는 불탑의 수요를 감당하기가 어려웠다. 변신사리는 이러한 경우에 매우 유용했다. 예를 들면 『삼국유사』 권제3 전후소장사리조의 "진신사리 4매 외에 변신사리가 있었는데, 마치 모래알처럼 잘게 부수어져 둘레에 나타났다"는 기록은 곧 변신사리를 가리키는 것으로 추정된다.

미지에 싸인 고구려와 백제의 불사리신앙

한편 고구려와 백제의 경우는 어떠했을까. 고구려와 백제 모두 신라와는 달리 사리가 전래되었다는 직접적인 기록이 없다. 고구려의 경우 평양 청암리의 절터가 불교 전래 초기의 사원인 금강사(金剛寺)로 추정되는데, 전각 앞에 탑 1기가 놓이는 이른바 일탑식 가람배치에 팔각 기단부를 한 탑지가 남아 있다. 탑에는 반드시 사리가 봉안되게 마련이므로 여기에도 불사리가 봉안되었을 것이다.

백제에서도 불교는 매우 존숭되었다. 중국측 기록인 『북사』(北史)

분사리 | 사리, 특히 불사리는 인도의 인물인 석가모니의 유골이므로 수량이 물리적으로 한정될 수밖에 없다. 그런데 불교가 인도뿐만 아니라 주변국으로 전파되면서 불사리신앙에 따라 수많은 불탑이 건립되었으므로 불사리에 대한 수요가 늘어날 수밖에 없었다. 이러한 수요에 맞추기 위해 불사리를 나누는 것을 분사리(分舍利)라 한다. 최초의 분사리는 석가모니 입적 직후 인도의 여덟 나라에 의해 8등분된 이른바 '사리팔분'(舍利八分)을 들 수 있다. 이렇게 나눈 불사리는 그 뒤 기원전 3세기 아소카 왕에 의해 탑이 열려 다시 84,000개로 나뉘어 인도 각지로 전파되었다. 이 가운데 일부가 중국 등지에 모셔졌고, 다시 그 가운데 일부가 고구려·백제·신라에도 전파되었다.
우리나라에서도 삼국시대 이래 불탑 건립이 성행하였는데, 이 모든 탑에 모두 불사리를 봉안할 수는 없으므로 보석류를 불사리 대신으로 안치하기도 하였다. 이것을 법신사리(法身舍利)라고 한다. 혹은 불사리가 영험하여 스스로 생기거나 증가한다는 믿음을 가졌는데, 이러한 사리를 변신사리라 한다. 일종의 관념적 분사리라고도 할 수 있다.

34

부여 정림사지 오층석탑. 조성시기가 7세기 초반으로, 익산 미륵사지 석탑과 더불어 우리나라에서 가장 이른 시기에 세워진 탑 가운데 하나이다. 1960년대 초반 탑을 수리할 때 4층탑신에서 사리공이 발견되었으나 이미 도굴되어 사리장엄은 남아 있지 않았다. 만약에 사리장엄이 확인되었다면 우리나라에서 가장 빠른 사리장엄으로 기록되었을 것이다.

「백제전」에 "승려가 많고 절과 탑도 많다"는 기록과 같이 일찍부터 사찰과 탑의 건립이 성행하였다. 탑이라는 것은 사리 봉안의 인연이 있어야 이루어지는 것이므로 고구려와 백제 두 나라에도 불교 전래 이후 불사리 봉안이 있었을 것이다. 특히 백제는 588년(위덕왕 35)에 일본에 불사리를 전한 예가 있으므로 적어도 6세기 중반 이전에 불사리가 봉안되었던 것을 알 수 있다. 유적을 보더라도 6세기에 해당하는 부여 군수리 절터에 탑지의 유구가

35

남아 있고, 6세기 후반에 건축된 정림사지 오층석탑의 4층탑신에서 사리공이 확인되었으므로 불사리 봉안의 실례를 알 수 있다. 그러나 이 사리공에서는 사리가 발견되지 않았다.

활발했던 고려의 불사리신앙

고려에 들어와서도 불사리 봉안이 이어졌다. 먼저 1065년(문종 19)에 경기도 광주 백암사(伯巖寺)에서 득오 미정(得奧微定) 대사가 진신사리 42매를 오층석탑 안에 봉안하였다는 사실이 전한다(『삼국유사』 백암사석탑사리조).
그 뒤 1119년(예종 14)에 정극영(鄭克永, 1067~1127)과 이지미(李之美) 등이 중국에서 불아를 가지고 와 왕이 시원전 (十員殿) 왼쪽에 딸린 내실에 봉안한 다음 항상 자물쇠를 채우고 밖에 향등(香燈)을 달아놓았으며, 늘 친히 예배하였다(『삼국유사』). 또한 고려시대의 문인 권적(權適, 1094~1147)이 지은 「지리산수정사기」(智異山水精社記)에 수정사를 지을 때 왕명으로 불아를 보내 봉안토록 하였다는 기록이 있다. 그런데 앞에서도 보았듯이 신라시대인 643년과 851년에도 중국에서 불아사리를 가져온 것을 보면 예로부터 우리나라에 치아사리가 없었던 것이 아니다. 하지만 불탑의 개탑(開塔) 등을 통해 지금 세상에 알려진 사리는 대부분 신골이지 치아사리는 별로 없다.

사리공 | 사리는 탑에 봉안되는 것이 원칙인데, 탑 내에 사리를 안치하기 위하여 만든 시설을 사리공(舍利孔)이라 한다. 석탑의 경우 사리공만을 위한 부재를 별도로 만드는 게 아니라 탑신이나 옥개석을 사각형 또는 원형으로 파내어 그곳에 사리장엄을 넣는다. 탑에서 사리공이 마련되는 위치는 일정하지 않고 기단부로부터 각층 탑신석과 옥신석·옥개석 등 전 부재에 사리공이 시설되었다. 황룡사 구층목탑은 9세기에 중건될 때 상륜부에 사리를 봉안하였는데 상륜부에 마련된 사리공의 유일한 예에 속한다. 통계적으로 보면 탑신부, 그 중에서도 초층 탑신에 사리공이 있는 경우가 가장 많다. 혹은 한 곳이 아니라 두 곳에 사리공이 시설되기도 한다. 목탑의 경우는 기단부 아래에서 탑의 중심을 잡는 역할을 하는 심초석(心礎石)이 있는데, 대개 여기에 사리공이 마련되었다.

양평 용문사 전경. 용문산 중턱에 있는 용문사는 913년 (신라 신덕왕 2)에 대경대사가 창건하였다. 조선시대에 들어와서 세조가 용문사를 중창하고 사리탑을 세워 당대 불사리신앙의 중심사찰이 되었다. 그 뒤에도 세종이 불상 2위와 보살상 8위를 봉안하였다는 기록이 보인다.

숭유억불의 조선시대에도 꾸준히 이어진 불사리신앙

유교를 숭앙하고 불교를 억제한다는 이른바 숭유억불의 시대였던 조선에서도 초기에는 왕실을 중심으로 사리신앙이 매우 성행했다. 특히 태조는 서울 흥천사에 사리각을 짓고 사리를 봉안했다. 이런 일화가 있다.

1398년 조선이 받들던 중국 명(明)의 태조가 사신 황엄(黃儼)을 시켜 조선에서 사리를 구해오게 했다. 이에 태조는 각도의 감사에게 명하여 전국 각지에 있는 사리를 구해 오도록 하였다. 이때 충청도에서 45매, 경상도에서 164매, 전라도에서 155매, 강원도에서 90매를 모았다. 여기에다 태조 자신이 지니고 있던 303매를 함께 바쳤다고 한다. 이것을 보면 당시 조선에 상당량의 사리가 있었음을 알 수 있다. 물론 이 기록에 나오는 사리가 전부 불사리라고 볼 수는 없겠으나, 그만큼 조선에서 사리신앙이 성행했음을 알 수 있는 자료다.

세조 역시 불사리에 대한 신앙이 깊어 경기도 양평
용문사(龍門寺)를 중창하고 사리탑을 세웠으며, 남양주에 수종사를
창건하고 사리탑을 세웠다. 강원도 양양 낙산사에서 삼칠일의
기도 끝에 사리를 얻어 홍련암에 봉안하는 등, 세조가 세운
사리탑만 해도 수십 기에 이른다(『세조실록』).
이후로도 조선에 사리신앙이 매우 성행하여, 불상보다 탑의 건립과
함께 진신사리에 대한 신앙의 정도가 더 컸던 예도 많이 보인다.

거룩하고 아름다운 사리장엄

겹겹이 싸서 모신 부처님의 몸

사리는 원칙적으로 하나의 용기만을 써서 안치하지 않고 여러
겹으로 싸서 봉안하였다. 사리를 불신, 곧 부처님의 몸과 같이
고귀하게 여겼기 때문이다. 통일신라에서는 7중 또는 5중의
용기를 사용하였고, 고려에서는 5중 또는 3중, 조선에서는 적어도
3중 이상의 용기를 겹쳐서 봉안했다. 중국에서는 당대(唐代)에
7중이 있었다. 유명한 법문사(法門寺) 사리장엄이 바로 그러하다.
『삼국유사』「탑상」 전후소장사리조에 사리장엄 안치 방법에 대한
기록이 나온다.

> 김서룡(金瑞龍)의 집 담장 안에서 물건을 던지는 소리가 들려
> 불을 켜들고 조사해보니 불아함(佛牙函)이었다. 함은 본래 가장
> 안쪽은 침향합, 다음 겹은 순금합, 다음 겹은 백은함, 다음 겹은
> 유리함, 다음 겹은 나전함(螺鈿函)이었다. 지금은 단지 유리함만
> 남아 있다.

불아사리를 담은 사리장엄에 대한 설명인데, 합(合)은 곧 '盒'으로
뚜껑이 달리고 바닥이 낮은 그릇을 말한다. 함(函)은 상자형

중국 법문사 보탑 출토 사리장엄. 청동 외함 안에 금동 사리내함이 들어 있었다. 내함 안에는 다시 불지 사리를 봉안한 관함(棺函) 형태의 사리기가 안치되어 고대 사리장엄의 법식인 다중 용기 봉안이 그대로 보이고 있다. 불지 사리는 세계에서 유일한 예이며, 유네스코에 의해 '세계 9대 기적'으로 불리기도 하였다. 외함 겉면에 871년에 해당하는 함통 28년의 연호가 새겨져 있어 이해를 사리 제작연도로 본다.

용기로, 역시 뚜껑이 붙어 있다. 위에서 보면 가장 바깥쪽에서부터 나전함→유리함→백은함→순금합→침향합의 순서대로 5중으로 봉안된 것을 알 수 있다. 중첩된 용기는 가장 안쪽, 그러니까 직접 사리를 봉안하게 되는 용기가 가장 귀한 재료로 만들어지게 마련이다. 윗글의 배경이 되는 시대는 9세기인데, 당시는 순금보다 침향이 더 귀하게 여겨졌던 모양이다. 침향이란 식물학적으로 본다면 학명이 Aquilaria agallocha이며, 쌍떡잎식물로 도금양목 팥꽃나뭇과의 상록교목에 속한다. 침향은 나무를 벌채하여 땅 속에 묻어서 수지(樹脂)가 없는 부분을 썩인 다음 수지가 많이 들어 있는 부분만을 얻거나 나무의 상처에서 흘러나온 수지를 수집하여 만든다. 침향은 의복이나 물건에 스며들고 또 이것을 태우면 향기가 나므로 옛날부터 귀한 향 가운데 하나로 애용되었다.

이 기록을 통해 우리는 통일신라시대에 사리장엄을 어떠한 형태로 구비하였는지 어느 정도 알 수가 있다.

당대 최고의 기술과 신앙심의 총화인 사리장엄

사리장엄을 대체로 외함과 내함으로 나누는데, 내함은 직접 사리를 봉안하는 그릇을 말한다. 내함 외에 사리병도 사리를 직접 담는 용기로 애용되었다. 내함에는 사리가 담기므로 자그마한 크기의 합(盒)이 주로 사용되었다. 내함을 감싸는 외함으로는 항아리를 뜻하는 호(壺)가 많고, 그 외에 상자 형태도 있었다.

그 밖에 우리나라만의 독창적인 의장이 있으니, 그것이 이른바 보각형(寶閣形) 사리장엄이다. 대표적인 것으로 감은사와 송림사 사리장엄이 있다. 이 보각형 사리장엄은 구조와 조형 면에서 우리나라 고유의 특징이 잘 드러나 있다. 기본적으로 지붕이 있고 내부 공간이 형성된 건물 형태의 보각 내에 사리내함 또는 사리병을 안치했는데, 보통 옥개(屋蓋)라고 부르는 지붕의 형태가 매우 독특하다. 이 보각형 외함이 중요하게 인식되는 것은 다른 어느 국가에서도 볼 수 없는 화려한 장식과 상징성이 있어서이다. 불사리라는 것은 물리적으로 한정될 수밖에 없으니 그 귀한 정도야말로 다 할 수 없다. 앞서 말했듯이, 분사리 혹은 변신사리의 이적이 없지 않지만 그것은 매우 이례적인 현상이지 마음먹은 대로 이루어지는 일은 아니었다. 그러니 불사리를 봉안한다는 것은 아무나 혹은 아무 절에서나 할 수 없는 일이고 국가나 또는 최고의 부와 권력을 지닌 사람만이 가능했을 것이다. 비용이나 재료, 장비 등 당시로서는 최고의 여건을 마련하여 만들려 했음은 너무나 당연하다. 그러니 어찌 최고 수준의 작품이 나오지 않을 수 있겠는가. 우리나라 고대의 공예품 가운데 외국에 자랑할 만한 것이 물론 많지만, 그 가운데서도 보각형 사리장엄만큼 신앙과 예술 면에서 같은 종류의 외국 작품을 압도하는 것은 매우 드물다.

일본 호류지 금당 내의
삼존불상과 천개.
중국 돈황벽화에 보이는
산개 시설은 일본으로
건너가 이와 같이 상자의
뚜껑과 같은 천개로
변화되었다. 법문사 금동
사리내함의 뚜껑과 같은
형태인 점이 주목된다.

이러한 보각형 사리장엄은 언제 어떻게 나타나게 되었을까?
물론 인도, 특히 중국의 고대 건물 형태에 그 시원이 이미 나타나
있으므로 조형성 면에서 중국의 영향을 받았음은 부인할 수 없다.
특히 감은사와 송림사 사리외함의 지붕 형태는 중국 돈황벽화에
나오는 불좌(佛座)와 기본적으로 닮았다. 부처 또는 고승이 앉는
의자 위에 햇빛을 막기 위해 설치하는 산개(傘蓋)의 장식과 송림사
사리외함의 장식이 닮았다. 건물 지붕을 표현함에 있어서 네
모서리를 모죽임하여 줄어나간 형태는 감은사 사리외함의 천개와

유사하다. 그러나 신라의 보각형 사리장엄이 어디에서 영향을
받았다는 것보다 중요한 것은 불상을 안치하는 중국의 건물이나
불좌 형태를 사리용기에 창조적으로 응용했다는 점이다. 건축의 한
의장(意匠)을 공예에 응용하여 아름답고도 새로운 양식으로
탄생시킨 것은 새로운 창조라 할 수 있다.
중국 건축물에서 보이는 천장 형식이 일본에 가서는 호류지의
금당처럼 이른바 상자형 천개가 되어 소궁전(小宮殿)의 감(龕)이
됐다. 그러나 우리나라 보각형 사리외함은 한쪽만 보이는 감이
아니라 사방에서 볼 수 있게 되어 있다. 장막을 걷고 개방적으로
사리병을 안치했는데 이것이야말로 신라적인 독창성이다.

석탑에 안치한 작은 보궁

앞서 말한 바와 같이 불사리 및 불사리신앙은 삼국시대에 중국에서
도입되었으나, 사리장엄의 실례는 현재 경주 분황사 사리장엄을
제외하고는 전무하다. 다만 위에서 든 여러 문헌을 통해 삼국이
모두 불사리 봉안에 열심이었던 것을 알 수 있고, 그에 따라
사리장엄도 발달했을 것으로 추정할 수 있다.
고구려의 경우 사리장엄구 유물은 물론 관계 기록도 전혀 전하지
않는다. 다만 평양 청암리 사지에 우리나라에서 가장 오래된 목탑
가운데 하나로 알려진 탑지(塔址)가 남아 있어 사리장엄이 있었을
것으로 추정한다.
백제 역시 고구려와 마찬가지로 탑지 등에서 사리장엄구가 출토된
예가 없다. 그러나 충청남도 부여 군수리 사지의 목탑지
심초석에서 납석제 여래좌상과 금동 보살입상이 발견되어
사리장엄이 함께 있었던 사실을 미루어 짐작할 수 있다.
심초석이란 목탑 건립에 필요한 장대인 간(竿)을 꽂기 위하여
기단부 중심에 원형이나 사각형 홈을 판 석재를 말한다. 목탑에는
이 홈 안에 사리장엄을 시설하게 마련이다. 이 홈 안에 사리장엄을

놓아두므로 사리공이라고 한다.

부여 금강사지 목탑의 심초석에서도 대나무로 만든 소쿠리가 발견된 바 있는데, 이 역시 사리장엄의 일종으로 여겨진다. 그 밖에 경기도 하남시 천왕사지에서 벽돌로 쌓은 전탑(塼塔)의 사리공으로 추정되는 석재가 발견되어 백제 사리장엄 시설의 하나로 꼽을 수 있을 듯하다.

그 밖에 비록 실물이 아니라 기록상으로만 확인되는 것이기는 하지만 백제시대 사리장엄에 대한 매우 상세한 내용이 있다. 3~7세기에 해당하는 중국 육조(六朝) 시대에 있었던 관음보살의 영험담을 모아 편찬한 『육조고일관세음응험기』 (六朝古逸觀世音應驗記)라는 책에 백제의 사리장엄에 대한 이야기가 나온다. 639년(백제 무왕 40) 전라북도 익산의 제석사 목탑 심초석에 불사리를 봉안한 수정병과 동판에 사경한 『금강반야경』 등이 목칠함과 석함에 안치되었다는 사실이 기재되어 있는 것이다.

한편 최근 중요한 유물이 새롭게 발견됨으로써 백제 사리장엄의 유일한 예가 되고 있으니, 1995년 충청남도 부여 능산리 사지에서 발굴된 '창왕명 석조 사리감'(昌王銘石造舍利龕)이 그것이다. 이 사리감은 사리용기를 안치했던 시설로, 비록 사리용기는 발견되지 않았지만 백제 사리장엄의 매우 드문 실물인데다 567년(백제 위덕왕 14)에 사리를 공양하였다는 명문이 예서체로

법신사리 | 불사리, 곧 진신사리는 물리적으로 제한되어 있기 때문에 모든 불탑에 다 불사리를 봉안할 수 없다. 이러한 문제를 해결하기 위한 방법으로 법신사리(法身舍利)라는 개념이 생겼다. 말하자면 진신사리는 아니지만 그 정도의 신격을 부여한 성물(聖物)을 가리킨다. 특히 경전을 법신사리로 여겼는데, 『법화경』·『화엄경』·『금강반야바라밀경』·『연기법송』 등이 부처님의 말씀을 담고 있으므로 곧 부처님과 마찬가지라는 생각에서 비롯된 것이다. 그 밖에 부처님이 입었던 가사(袈裟)나 사용하였던 발우(鉢盂) 등도 역시 부처님을 상징하므로 법신사리로 여겼다. 탑을 해체 복원할 때 사리 없이 경전과 보석류만 나오는 경우가 있는데, 바로 법신사리를 봉안한 예로 보면 된다.

새겨져 있다. 이는 우리나라에서 가장 이른 사리장엄의 예가
된다는 점에서 중요하다. 명문의 내용은 다음과 같다.

> 백제 창왕 13년 정해년에 (창왕의) 매형과 공주가 함께 사리를
> 공양하다.

창왕은 곧 제27대 위덕왕(威德王, 재위 554~598)이며 매형과
공주는 위덕왕의 손위누이와 그 남편일 것이다.
그런데 567년이라면 549년 중국 양나라에서 신라에 불사리를
보내온 시기보다는 18년이 늦고, 자장이 중국 오대산에서
공부하고 귀국하면서 불사리 100과를 가져온 643년보다는
76년이나 앞선다.
1996년 국보 제288호로 지정된 이 사리감은 능산리 사지 중앙부에
있는 목탑지 중앙의 심초석 위에서 45도 정도 기울어진 상태로
발견되었다. 바로 근처에서 국보 제287호 금동 용봉대향로가
1993년에 발견되었고, 2001년에는 목간이 발견되어 이곳이
보희사(寶熹寺)였음이 밝혀졌다. 그 동안 잊혀졌던 우리나라
고대의 사찰 이름을 하나 더 얻은 셈이다.
사리감의 크기는 높이 74cm, 넓이 50×50cm에 재질은
화강암이다. 형태는 전체적으로 볼 때 윗면이 둥근 직사각형으로
되어 있어 마치 오늘날의 우체통처럼 생겼다. 이러한 모습은
인도나 중국·일본에 유례가 없는 백제만의 독특한 사리장엄
시설이다. 그 내부에 사리를 안치하고 문을 설치하였던 것으로
추정되는데, 뒷면도 앞면과 같이 아치형의 감실이 있으나 완성되지
않은 것으로 보아 제작 과정 중 폐기한 게 아닐까 하는 추정도
한다. 그러나 필자의 생각으로는 사리 봉안의 주체를 적은
명문까지 새긴 마당에 중도 폐기했을 것 같지는 않다. 어쨌든
이 사리감에서 사리용기가 발견되지 않아 정확한 사리장엄의

백제 창왕명 석조 사리감. 6세기에 조성한 이 석조 사리감은 일종의 사리외함으로, 이 안에 사리내함 또는 사리기가 안치되었을 것이다. 사리외함치고는 형태가 사뭇 낯선 것인데 아마도 중국 육조시대와 수당에서 유행하였던 관함형이 백제식으로 변형된 것이 아닐까 생각된다.

형태를 알 수 없는 점이 무척 아쉽다.

7세기에 건립된 신라의 황룡사 구층목탑지에서 사리장엄이 출토되었으나 삼국시대에 봉안한 사리장엄은 발견되지 않았고, 통일 후 9세기대에 탑을 중건할 때 봉안한 유물만 발견되었다. 그런데 871년(경문왕 11)에 사리공 안에 넣은 찰주본기(刹柱本記)라는 동판(銅板) 가운데 "황룡사를 창건한 645년(선덕여왕 14) '금은고좌'(金銀高座) 위에 '사리유리병'을 봉안하였다"는 기록이 있어 당시 사리장엄의 형식 및 내용의 일단이나마 추정해볼 수 있다. 금은고좌란 금과 은으로 만든 대좌, 곧 불사리를 안치하기 위한 대(臺)라는 뜻이다. 창건 당시의 사리장엄이 9세기 중건시 재봉안될 때 없어졌는지 어떤지는 알 수 없으나 황룡사의 사격으로 미루어볼 때 이때의 사리는 분명

경주 황룡사지에서 출토된 사리. 사리장엄에 봉안되지 않고 발굴시 흙 속에서 출토되었다.

불사리일 것이고, 사리장엄 역시 최고의 수준으로 만들어 봉안하였을 것이다.

분황사 모전탑에서도 사리장엄이 발견되었는데, 이것이 현재로서는 삼국통일 이전 신라시대의 유일한 예가 된다. 출토 유물은 2층 탑신과 3층 옥개 사이의 석함에서 발견되었는데 사리장엄 외에 동제 가위, 침통(針筒) 및 상평오수 (常平五銖)·숭녕통보(崇寧通寶) 등 고려시대에 유통되었던 동전 등이 있었다. 동제 가위와 침통은 분황사를 창건한 선덕여왕이 쓰던 사물이 아닐까 추정되며, 동전 등 고려시대 유물은 이 탑을 수리할 때 봉안한 것이다. 사리장엄은 석함 내 은함과 그 안에 봉안된 유리병으로만 이루어져 있어 매우 간략화되어 있는데, 사리 5과는 비단에 싸여 있었고, 유리병은 깨진 채 뉘어 있었다. 아마도 고려시대 중수시 사리병이 깨졌거나 이미 깨져 있어 이렇게 사리를 별도로 비단에 싸서 재봉안했을 것이다.

분황사 사리장엄에서 중요한 것은 한국 고대 사리장엄의 법식인 유리병에 사리를 직접 안치하는 방식대로 한 점과, 사리를 봉안하기 위하여 석함→은함→사리병으로 이루어진 다중용기가 사용되었다는 점이다. 이것은 이후의 여러 사리장엄에서 공통되게 나타나는 현상으로, 사리 봉안에서 항상

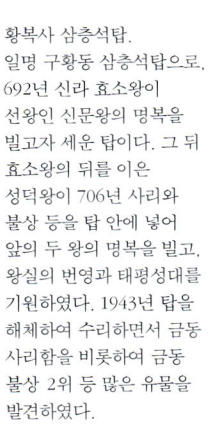

황복사 삼층석탑. 일명 구황동 삼층석탑으로, 692년 신라 효소왕이 선왕인 신문왕의 명복을 빌고자 세운 탑이다. 그 뒤 효소왕의 뒤를 이은 성덕왕이 706년 사리와 불상 등을 탑 안에 넣어 앞의 두 왕의 명복을 빌고, 왕실의 번영과 태평성대를 기원하였다. 1943년 탑을 해체하여 수리하면서 금동 사리함을 비롯하여 금동 불상 2위 등 많은 유물을 발견하였다.

지켜온 하나의 전통이었다.

불사리의 존숭이 사리신앙으로 이어져

통일신라시대는 삼국시대의 전형적인 사리 봉안 방식이 다소 변형 발전되어 한국 고유의 사리장엄 방식으로 확립되어간 시기라고 볼 수 있다. 이는 사리장엄 용기 형태가 인도·중국과는 확실히 달라지면서 여러 가지 모습의 사리장엄이 등장하는 것에서도 확인된다. 그것은 사리신앙 자체가 오히려 더욱 고조되어 불사리를 불신과 동등하게 여길 정도로 사리가 존숭되었으며, 이것이 통일신라시대 사리장엄이 화려하고 다양하며 보편적인 현상이 된 배경 가운데 하나일 것으로 이해된다. 현재 전하는 사리장엄을 보더라도 삼국시대와는 비교도 할 수 없을 정도로 많은 수량이 알려져 있어 통일신라시대 사리신앙의 유행을 엿볼 수 있다. 통일신라시대의 석탑에서 발견된 사리장엄은 지금까지 약 60벌 정도로 집계되고 있는데, 형식적으로 완벽하게 갖추어진 것은 경주 감은사 동서 삼층석탑을 비롯하여 황복사 삼층석탑, 칠곡 송림사 오층석탑, 불국사 석가탑, 갈항사지 동서 삼층석탑, 전 남원 출토 사리장엄, 포항 법광사 삼층석탑, 청도 장연사지 동 삼층석탑, 안동 옥동 임하사지 전탑지, 안동 임하동 삼층석탑 등이 있다. 이들은 우선 시기적으로도 7~8세기에 해당하여 우리나라의 가장 오래된 사리장엄의 하나로 꼽히며, 형태 면에서도 이른바 보각형 사리기, 상자형 사리기 등 한국적 사리기 형태의 시원으로 등장하고 있다. 또한 공예적으로도 송림사·감은사 사리장엄은 통일신라 공예를 대표할 만한 작품으로 꼽힌다.

한국형 사리장엄의 종류

인도와 중국, 일본 등 한때 불교문화를 향유했던 아시아 여러 나라들의 사리장엄은 각각의 고유한 특색이 있다. 이것은 처음 인도에서 발생한 사리장엄이 각국에 전파되면서 그 나름의 문화에 흡수 동화된 까닭이다. 한국의 사리장엄 역시 다른 미술품과 마찬가지로 기본적으로 지니는 문화적 바탕 위에 사리신앙이 도입되면서 한국만의 독특한 사리장엄이 탄생하였다. 한국의 사리장엄을 형태면으로 구분하면 보각형·상자형·호합형·복발탑형·다각당형·관함형 양식 등 여섯 종류로 나눌 수 있다. 그런데 이 가운데 특히 감은사 동서 삼층석탑과 송림사 전탑 사리장엄으로 대표되는 보각형 사리기는 한국 고대 사리장엄의 가장 큰 특색이자 대표격이라 볼 수 있다.

광주 서 오층석탑 보각형 사리기. 보각형 사리기의 맥을 이은 고려시대의 사리기이다. 감은사 사리기와 송림사 사리기로 대표되는 7세기 보각형 사리기의 전통은 전 남원 출토 사리기와 함께 이 광주 서 오층석탑 사리기에 이어져 그 유풍이 잘 남아 있다.

목조건축을 공예적으로 응용한 보각형 사리기

보각형 사리기의 형태는 구조적으로 우선 기단부를 갖추고 그 위에 봉안 공간이 마련되며, 네 모서리에 세워진 기둥으로 받치고 있는 천장인 천개 등 세 부분으로 이루어져 있다.

보각형을 전에는 전각형, 혹은 상여형, 또는 누각형이라고 했는데 어느 경우든 목조 건축을 최대한 공예적으로 응용한 형태로 보는데는 이견이 없다. 외함 혹은 내함의 형태가 건물 모습을 띠기 때문인데, 하지만 조금 더 신중하게 생각해보면 이러한 용어들은 나름대로 문제를 안고 있다.

우선 전각형이라는 용어는 어감이 좋지 않은 상여형보다는 낫지만, 엄밀히 따지면 적확한 표현이 아니다. 전각이란 곧 '전'과 '각'의

불국사 석가탑 사리함.
감은사와 송림사 사리기의
뒤를 이은 보각형 사리기로
8세기에 제작된 불국사
석가탑 사리함이 있다.
이 사리기의 기단부는
건물을 염두에 두고 꾸민
것인데, 그것은 사리
안치하는 곳을 곧 불신이
들어가는 건물이라고
생각했기 때문이다.

서로 다른 의미를 지닌 단어가 혼성되었기 때문이다. 전(殿)은 건축적 의미로 볼 때 '높고 크며 웅장하거나 장엄하게 꾸민 집'을 뜻하여 대웅전 등과 같은 불전을 의미한다. 또한 불교적으로 보더라도 전은 당(堂)과 거의 같은 의미로 사용하여 전당(殿堂)·전우(殿宇) 등으로 부르는데, '불상 등을 봉안하고 경전을 강하며 의식을 거행하고, 또는 수행 등의 용도로 사용되는 고상한 건조물'로 정의된다. 한마디로 불전이되 규모가 큰 것을 전이라 하는 것이다.

감은사와 송림사의 사리기가 건축물 형태를 띠고 있긴 하나 대웅전처럼 규모가 큰 것을 조형화한 것이라기보다는 비교적 규모가 작은 각의 형태를 취하고 있다. 게다가 전각형이라 하면 대웅전이나 무량수전처럼 기와지붕에 사면이 벽으로 둘러싸이고 문이 달린 형태를 가리키므로, 사면이 뚫려 바깥에서 안을 향하여 예배할 수 있는 구조로 된 우리나라의 사리장엄과는 다소 다르다.

그보다는 기본적으로 누각의 형태를 띠면서 특별한 장엄을 하고
있다는 의미에서 보각형이라 하는 것이 더 맞지 않을까 생각한다.
그 다음으로 상여형이라는 명칭도 한때 널리 쓰였다. 그러나
이 용어에는 큰 문제가 있다. 우선 이러한 형태를 과연 상여형으로
단정지을 수 있을까 하는 의문도 의문이지만, 설혹 그렇다
하더라도 사리기의 조형을 단순히 외양만 가지고 말하면
그 조형이 본래 의도하였던 상징성을 무시하는 결과가 나온다.
결국 현재로서는 보각형이라는 명칭이 가장 적당하다.

한국형 사리장엄의 극치 감은사 · 송림사 사리장엄
보각형 사리장엄으로는 감은사 사리장엄과 송림사 사리장엄이
가장 대표적이다. 이 두 작품은 특히 7세기에 제작된 것으로
가장 오래된 양식이라는 중요성도 지니고 있다. 이 보각형
사리장엄이 발생한 배경을 살펴보면 우리나라에 최초로
사리신앙이 도입되었을 때의 상황도 아울러 파악할 수 있다.
보각형 양식의 사리기는 중국에서 그 시원적 양식이 보이기는
하지만 정작 중국에서는 극히 드문 예에 속한다. 비록 그보다
후대에 나타나기는 했지만 감은사와 송림사 사리장엄에서
양식적으로 완성된 공예화가 이루어졌으므로 이러한 보각형
사리장엄을 한국 고대 사리장엄의 특징이라고 여겨도 지나치지
않을 듯싶다.
감은사 · 송림사 사리기에서 최초로 나타나는 이 형태는 불국사
삼층석탑 사리외함과 전 남원 출토 금동 사리기가 그 뒤를 잇고,
이어서 10세기의 광주 서 오층석탑 사리기 등에서도 보각형의
유풍이 나타난다. 특히 불국사 삼층석탑 사리외함의 경우는 보각형
사리장엄의 전통을 바로 이으면서 동시에 8세기에 나타나는
상자형 사리장엄의 양식도 아울러 갖추고 있어 보각형에서
상자형으로 변환되는 신라 전통 사리장엄 양식 변천상의 과도기적

작품으로 볼 수 있다.
보각형 사리장엄은 기단부와 그 위의 사리 안치 공간, 맨 윗부분의 천개 등 세 부분으로 나눌 수 있다. 보각형 사리장엄의 가장 중요한 부분인 기단부와 천개부의 양식적인 특징을 감은사·송림사 사리기를 통해 살펴보자.

건축 공간을 표현한 기단부
기단부를 수미좌(須彌座)라고 할 수도 있다. 보각형 사리장엄에서 다른 양식의 사리장엄과 확연히 구분되는 가장 특징적인 부분이 바로 기단부다. 상자형 사리장엄 중의 일부 작품과 다각당형 사리장엄을 제외하고는 이러한 기단부가 다른 양식에는 없다. 특히 감은사 동서 삼층석탑 사리장엄 사리내함의 경우 기단부가 매우 뚜렷하고 명확하게 조성되었으며, 기단부에 안상(眼象)이 마련된 확실한 구조를 갖추었다. 이 기단부는 다시 하대·중대· 상대로 구성되는데, 건축물의 기단부 구조로 볼 수도 있고 수미좌나 대좌를 형상화한 것으로도 볼 수 있다.
송림사 사리기에도 역시 기단부가 시설되어 있다. 다만 감은사 사리기와 다른 것은 기단부가 3단이 아니라 2단이며, 형태도 훨씬 간략하다는 점이다. 이것은 전체가 주물(鑄物)로 이루어진 감은사 사리기에 비해 기둥을 제외한 전 부분을 판금(板金)과 투조(透彫)로 제작한 기법상의 차이에서 비롯된 것으로 보인다.
그런데 같은 보각형 사리기라 하더라도 불국사 삼층석탑 사리외함은 기단부가 상당히 간략화된 편에 속한다. 이 사리외함은 함께 발견된 『무구정광대다라니경』에 의해 8세기 중반에 봉안된 것으로 밝혀져 8세기 중반 표준 양식의 중요한 자료로 꼽힌다. 이 불국사 사리외함에서 특징적인 점은 함체 기단부에 표현된 안상이다. 이러한 안상 형태는 감은사 사리기의 영향을 받은 것으로 보인다.

그리고 주목되는 부분은 이 안상 형태에 맞추어 주위에 얕은
음각선이 새겨져 있다는 점이다. 이러한 기단 및 안상의 형태는
7세기 백제시대에 조성된 금동 미륵반가사유상의 그것과 매우
흡사하여 두 작품 간에 상관관계가 있을 것으로 짐작된다. 두 작품
간의 공통점은 대좌가 사각형인 점이 우선 같으며, 대좌 각 면마다
각 2개씩의 안상을 배치한 점이다. 무엇보다 안상의 형태 및 안상
주위로 윤곽선에 맞추어 음각선을 두른 점이 거의 동일하다. 이 점
역시 불대좌와 사리기의 기단부가 동일한 의장을 갖추고 있다는
의미로, 고대에 불사리를 곧 불신으로 인식하였다는 증거가 될 수
있다.

신라 공예의 상징성이 표현된 천개

천개(天蓋)는 곧 천장을 말하는데, 다른 양식에서보다 보각형
사리기에서 가장 화려하게 표현되었으며, 기능적으로도 중요한
역할을 한다. 이 천개야말로 분명한 건축 구조를 하고 있어
그야말로 보각형 사리기라는 명칭에 걸맞은 부분이다.
신라의 전각형 사리기 가운데 감은사 사리내함의 천개와 송림사
사리기의 천개가 가장 화려하면서도 신라만의 독창적인
공예예술을 잘 보여준다고 할 수 있다.
감은사 사리내함의 천개는 천장 아래에서 밑으로 늘어뜨린

다라니신앙 | 다라니신앙이라 함은 『무구정광대다라니경』의 내용을 신앙적으로
존숭하여 따르는 것을 의미한다. 이 경전은 흔히 『다라니경』이라고 하는데,
다라니(陀羅尼)란 지혜 혹은 삼매(三昧), 진언(眞言)이라는 뜻이 있다. 이 가운데 특히
진언의 의미로 많이 쓰이는데 경전의 내용을 소리 내어 주문처럼 외는 것을 진언이라
한다.
『다라니경』은 다른 사리기와 함께 봉안되는 경우가 많았다. 『다라니경』을 이렇게
중요하게 여긴 것은 경전의 내용 때문이다. 곧 다라니를 외고 불탑을 수리하며
소탑(小塔)을 만들고 그 안에 주문을 써서 넣고 공양하면 수명을 연장하고 많은 복을
받을 수 있다는 내용이 들어 있다.
우리나라에서는 이같은 다라니신앙이 매우 성행하여 경주 나원리 오층석탑
등에서처럼 다라니 경전과 더불어 77기나 99기의 소탑을 탑 내에 봉안한 경우가 많다.

백제 동판 삼존불상.
전라북도 김제 대목리에서
발견된 이 동판은
삼존불상을 찍어낸 일종의
주물틀이다.
천개의 아래위 2단으로
구성된 부분, 지붕에서
밑으로 흘러내린 수식,
바깥쪽으로 벌어진 지붕의
장식 등이 송림사 사리기
천개와 매우 비슷해
이 둘의 연관성을 연구할
필요가 있다.

수식(垂飾)이 부착된 부분인데, 길이 9.3cm, 너비 3.1cm의 동일한 문양을 지닌 네 장의 금동판이 가로로 압출 및 투조로 장식되었다. 이것은 일종의 문양대로, 7개의 주형(舟形) 수식으로 이루어져 있는데, 활짝 핀 꽃무늬 4개와 여래좌상 3위를 투조하여 번갈아 배치했다.

이 문양대 위에 둥근 연주문(聯珠紋)을 한 줄 두어 마감했는데, 전라북도 김제 대목리에서 발견된 동판 삼존불상의 보개와 매우 흡사하여 연관성이 주목된다. 이 연주문과 유사한 문양을 초당대(初唐代)에 조영한 돈황석굴 제331호굴 동벽에 그려진 『법화경』변상도의 수하설법도(樹下說法圖)에서 볼 수 있다. 이 동판 삼존불상은 7세기 백제시대의 작품으로 추정되므로 7세기 백제·신라 간의 상호 영향 관계가 주목된다.

송림사 사리기의 천개는 보다 특징적이다. 천개는 2단으로 구성되었는데 모두 투각한 장식판과 이에 부착된 긴 연화판이 밖으로 비스듬히 달렸다. 처마 밑으로 삼각형 수식이 14개씩 늘어졌으며, 천개의 네 모서리에는 기단까지 닿도록 길게 늘어뜨린

송림사 사리기 천개 부분. 보각형 사리기의 대표작 가운데 하나인 송림사 사리함의 천개는 2단으로 구성되어 있다. 특히 지붕 위에 표현된 바깥으로 휘어진 금동 장식판 등은 중국 돈황벽화에 그려진 보각의 산개와 매우 닮았다.

영락이 달린 긴 수식이 있다. 이 모든 부재는 얇은 금판을 오려낸 다음 거기에 점선 등을 찍어 가공했으며, 그것을 다시 하나하나 못으로 고정했다.

한편 송림사 사리기의 천개가 보각의 천개를 그대로 공예적으로 표현한 것임은 중국 돈황석굴 제311굴의 천장벽화에서도 확인된다. 이 벽화의 말각조정식(抹角藻井式)으로 표현된 천장을 보면 이중으로 된 사각형 중앙에 연꽃이 장식되어 있다. 이중 사각형 주위에 둥그스름한 곡선이 중첩되어 있는데 이는 바로 천개의 먼지막이인 승진(承塵)을 나타낸 것이다. 그 뒤로 표현된 첨예한 삼각형은 바로 천개의 장막과 레이스에 해당된다. 다시 말하면 제390굴의 천장을 그린 그림은 천개를 밑에서 바라본 모습을 표현한 것으로, 이는 곧 송림사 사리기의 천개와 흡사하다. 이로써 보각형 사리기의 천개는 바로 보각과 같은 건축물의 천장 부분을 그대로 공예적으로 표현한 것임이 다시 한 번 증명된다.

다양한 형태의 사리기

보각형에서 발전된 간편한 형태의 상자형 사리기

상자형이란 이름 그대로 상자 모양의 사리기를 가리키는데 이 양식 역시 앞에서 본 보각형 천개에서 유래되었다고 할 수 있다. 그렇기 때문에 단순한 사각형만을 나타내는 것이 아니라 함체 위에 역시 천개에서 변형된 지붕 모양이나 뚜껑이 덮이며, 광주 서 오층석탑 사리기처럼 기대(器臺) 형태의 독특한 기단부가 설치된 것도 있다. 사리신앙이 왕실이나 일부 귀족층에서 좀더 다양한 계층으로 넓게 전파되면서 그만큼 사리장엄 봉안의 기회가 많아졌을 것이고, 공예기술적으로도 보각형은 공정이 복잡해 쉽게 만들 수가 없었다. 따라서 사리기의 양식이 상자형 등 상대적으로 제작이 쉬운 형태로 변해 사리장엄의 수요에 호응하려 했던 것은 필연적인 현상이었다. 상자형 양식의 사리기 중 가장 시대가 이른 예는 전 황복사지 삼층석탑 출토 금동 사리외함이며, 이 사리기에 이어서 신라에 상자형 사리기가 본격적으로 등장하는 것은 나원리 오층석탑 사리기라고 할 수 있다.

뚜껑을 덮은 호합형 사리기

호합형(壺盒形) 사리기란 호형과 합형의 사리기를 총칭한다. 호형 사리기는 어깨가 둥글게 벌어지고 몸체가 완만하게 굴곡지면서 밑으로 내려가며, 주둥이 부분에 뚜껑이 얹히는 형태를 말한다. 통일신라시대의 호형 사리기는 8세기 중후반 이후에는 주로 납석제였는데, 9세기 이후부터 인도 사리기의 영향으로 활석제가 대단히 많이 나타난다. 이러한 종류로 불국사 삼층석탑 은제 외호(751년), 김천 갈항사지 동서 삼층석탑 청동 사리외호(758년), 산청 석남사지 영태 2년명 납석 사리호(766년), 봉화 서동리 동 삼층석탑 납석 사리호(8세기 중엽), 대구 동화사 비로암

인도 복발탑형 사리기.
카라치 국립박물관 소장.
인도 탁실라(Taxila)의
칼라완(Kalawan) 사원
A1탑에서 출토된 복발탑형
사리기의 전형으로,
2세기에 만든 것이다.
재질은 편암(片巖)이고
그 위에 도금한 것이다.
높이 16cm의 소형이지만
기단부·탑신·산개의
구성이 완벽하다.

삼층석탑 납석 사리호(863년), 봉화 축서사 삼층석탑 납석 사리호(867년), 장흥 보림사 남북 삼층석탑 납석 사리호(867년), 전 대구 동화사 석탑 출토 납석 사리호(9세기), 포항 법광사 납석 사리호(9세기), 문경 내화리 삼층석탑 은제 사리호(9세기) 등이 있다.

한편 합형은 굽이 없거나 있어도 형식적으로 매우 약화되어 전체적으로 낮은 기형을 이루는데, 특히 상부가 반드시 뚜껑으로 덮여 있는 형태를 말한다. 경주 분황사 은제 사리합과 황룡사 금제 사리합 및 은제 사리합 2개 등이 여기에 속한다.

사발을 엎어놓은 듯한 인도풍의 복발탑형 사리기

복발탑형(覆鉢塔形)이라는 것은 기본적으로 굽이 달린 함체 위에 인도풍의 스투파, 곧 탑 모양의 꼭지가 올라간 형태를 말한다. 이 형태의 기원은 말할 것도 없이 인도의 사리호에서 찾을 수 있는데, 대략 BC 2세기 무렵에 출현하고 있어 인도 초기 양식의 사리기 가운데 하나로 꼽힌다. 서인도 카우샴비(Kauśāmbī) 남쪽에 있는 소나리(Sonāri) 제2탑 출토 납석 사리기가 대표적 유례인데, 납작하고 넓은 원반형 굽과 그 위에 공 모양의 둥근 함체, 그리고 굽과 비슷한 모양의 둥근 뚜껑이 소형의 스투파를 얹고 있는 모습이다. 7~8세기에 제작된 이러한 형식의 사리기가 중앙아시아의 투르판에서 출토된 바 있고, 중국이나 일본에서도

통일신라시대 복발탑형 사리기. 두 사리기 모두 둥근 원통형 탑신부와 그 위에 부착된 탑형 꼭지로 이루어져 있다. 이러한 형태는 인도에서 비롯되어 중국에도 영향을 주었는데, 중국보다는 우리나라의 복발탑형 사리기가 더욱 인도풍을 띤다.

경주 황룡사지
구층목탑지에서 출토된
다각당형 금동 사리기.
기단부와 탑신부,
옥개부로 이루어져 있는데
특히 육각형 탑신이
다각당형의 전형을 이루고
있다. 기단부의 안상은
불국사 석가탑 사리기,
광주 서 오층석탑
사리기에도 나타나는
형식이다.

나오므로 모두 인도에서 영향을 받은 것을 알 수 있다.
호림박물관과 호암미술관, 부산광역시립박물관 소장의 신라
복발탑형 사리기가 이와 양식적으로 매우 유사하다. 766년
(혜공왕 2)에 봉안된 전 안성 출토 영태 2년명 사리병의 마개가
복발탑의 형태로 나타나고 있는 것도 주목된다.
아쉬운 것은 통일신라 복발탑형 사리기 가운데 연대가 확실한 것이
거의 없다는 점이다. 하지만 지금까지 출토된 예로 볼 때
복발탑형은 대체로 9세기 이후 신라에서 유행되었을 것이다.

다양하게 모가 난 다각당형 사리기
다각당형(多角堂形)이라는 것은 기본적으로 보각의 형태이나

59

함체가 육각·팔각 등 다각형을 이룬 것을 말한다. 중국에서는
이러한 양식이 부탑보다는 목조건축의 한 형식으로 나타났다가
후대에 이르러 목탑의 형식으로 자리잡게 되어 요(遼)와
송(宋)대에 크게 유행했으므로, 당형(堂形)이라고 부르는 것이 더
옳을 듯하다. 일본에서 739년에 건축된 호류지(法隆寺)의
몽전(夢殿)도 팔각당형이다. 우리나라에서는 삼국시대의 평양
청암리사지 목탑지 등 일부 유적에 팔각탑의 흔적이 보이지만
그 이후로는 거의 나타나지 않는다. 이로 보더라도 탑형보다는
당형으로 보는 게 옳지 않을까 한다.
신라 사리기 가운데 이에 속하는 것으로는 황룡사 구층목탑 출토
금동 팔각당형 사리기(872년)를 비롯하여 구미 도리사 세존부도
금동 육각당형 사리기, 국립경주박물관 소장 청동 팔각당형
사리기(9세기 후반), 문경 내화리 삼층석탑 금동 팔각당형
사리기(10세기) 등이 있다.

중국풍의 관함형 사리기

관함형(棺函形)은 이름 그대로 관형의 사리함을 말하며,
중국 고유의 사리기 양식 가운데 하나인 관형 사리기에서 유래한
듯하다. 이 양식은 중국 당(唐)에서 유행하였는데, 우리나라에서는
석함을 제외하고 명실공히 이 양식에 해당하는 공예 사리기로는
안동 임하동 전탑지에서 발견된 은제 도금 외함밖에 없다.
석함도 분황사 모전석탑 2층 탑신에 장치되었던 석함과 최근 영양
삼지동 모전 삼층석탑에서 발견된 석함 등이 있을 뿐이다.
이러한 양식이 극히 적은 것은 우리나라에서는 불사리를 곧
불신으로 인식해, 유골을 안치하는 관형은 정서적으로 맞지 않아
선호하지 않았기 때문이다. 다만 안동 옥동의 임하사 전탑에 중국
당대의 사리기와 유사한 관함형 사리기가 나타난 배경은 안동
지역의 전탑이 중국의 영향을 받은 역사적 환경과 관련이 있을

금동 관함형 사리내함.
중국 당대(唐代)에 유행한
관함형 사리기로, 8세기에
조성한 것이다. 높다란
기단부 위에 관함이 얹힌
관함형 사리기의 전형이다.

것이다. 곧 이 지역은 중국에서 흘러온 도래민이 정착한 곳인데,
그들이 탑을 세우면서 자신의 취향에 맞는 전탑을 조성하였으며,
전탑에 봉안된 사리기도 자연스레 중국풍을 띠게 되었을 것으로
추정해볼 수 있다.

한국 사리장엄의 공예사적 의의

사리장엄은 석가모니 입멸 후 처음 나타났다가 석가모니의 사리를
얻으려는 여러 나라에 의한 이른바 '사리팔분' 이후로도 계속
이어졌지만, 본격적인 사리장엄의 역사는 아소카 왕의 84,000
분사리에서 비롯되었다고 볼 수 있다. 실제로 이 시기의 사리장엄
으로 여겨지는 사리용기가 고고발굴을 통해 알려지기도 했다.
우리나라에는 공식적으로 4세기에 불교가 들어왔으나 사리장엄의
유례는 현재로서는 6세기 말~7세기의 것이 가장 빠르다. 그러나
이 시기에 제작된 감은사와 송림사의 사리장엄은 공예적으로 볼 때
다른 나라에 견주어 결코 뒤지지 않는 우수성을 보일 뿐만 아니라,
조형성에 있어서도 보각형 사리구라는 신라만의 독창적인

사리장엄을 만들어냈다.

보각형 사리장엄의 조형 기원에 대해서는 아직 분명한 정설이 나오지 않은 상태인데, 필자의 견해로는 인도 또는 중국에서 귀인을 모셨던 보각 또는 남여(藍輿, 가마)의 차양(遮陽)시설인 상장(牀帳)에서 비롯하였다고 본다. 여기에는 불사리를 유골로서가 아니라 불신 그 자체로 인식했던 당시 사람들의 불사리관이 깔려 있다. 다시 말해서 불사리를 단순히 부처님의 유골로만 생각한 것이 아니라 불사리 자체가 부처님의 몸이므로 생존해 있는 것과 마찬가지로 당연히 보각에 봉안한다는 생각을 가졌던 것이다. 게다가 중국에서 최초로 불사리를 모셔올 때——그때가 문헌에 보이는 것처럼 자장스님이 가져온 불사리였든 혹은 또 다른 시기에 들여온 불사리였든 간에——그대로 들여오지는 않았을 것이다. 분명 어떤 장엄스런 형식을 갖추어서 모셔왔을 텐데, 그때 중국 고유의 풍습대로 귀인이 이동시에 사용하는 남여에 사리를 봉안했을 수도 있다. 그리하여 불사리를 최초로 한국에 들여왔을 때 사용했던 중국 남여가 그대로 사리장엄의 한 형태로 자리잡아 현재 우리가 볼 수 있는 감은사·송림사 사리장엄으로 정착되었던 듯하다.

기존의 연구에서 이러한 면이 그다지 부각되지 않았던 까닭은 공예를 지나치게 평면적으로 바라보았기 때문이다. 필자는 이 글에서 보각형 사리기가 중국의 상장에서 유래되기는 하였으나, 그것을 보다 적극적으로 수용하여 중국에서 애용되던 이동식 상장이 아니라 건축 형태의 보각으로 응용하였다고 파악하였다. 그 구체적인 예를 감은사·송림사 사리장엄에서 볼 수 있다. 특히 감은사 사리장엄 중 사리외함은 문과 난간이 표현된 건축 장식에 보각의 지붕을 형상화한 천개 등으로 구성되어 있어 가장 전형적인 보각형을 보여주고 있다. 이것은 전통 농업사회를 기반으로 하는 우리 민족이 여러 가지 면에서 이동성보다는 정착성을 자연스레

선호하였다는 의식기반을 염두에 둘 때 더욱 그러하다고 생각한다. 보각형 사리장엄의 대표작인 감은사 동서 사리기 모두 이같은 전형을 이룬다. 기본적인 양식이 거의 유사한 양 사리장엄 중 특히 보존기술이 상당히 발전된 1999년에 수습된 동탑의 사리장엄을 예로 놓고 보면, 각부의 조형성과 상징성이 유사 이래 모든 불교국에서 봉안하였던 사리장엄 중 공예성과 예술성에서 최상위를 차지한다고 하여도 지나친 말이 아니다.

이렇듯 수준 높은 불교사상을 바탕으로 화려하고 심미적으로 농축된 공예품을 탄생시킬 수 있었던 것은 당시 신라의 활발했던 대외교섭 활동과 그에 따른 문화 수준의 향상, 불교문화에 대한 학문적 인식의 발달과 이해라는 배경이 있었기 때문이다. 따라서 감은사 사리장엄을 통하여 당시 동아시아에 있어서 신라의 당당했던 국제적 지위, 높은 문화 수준, 불교에 대한 깊은 신앙을 알 수 있다.

한국 고대 사리장엄에 대한 연구를 하다보면 우리나라에서 사리신앙이 얼마만큼 존숭되어 왔는가를 알 수 있다. 아울러 사리장엄에 대한 연구와 인식은 곧 세계 미술사에 찬연히 빛나는 한국 공예의 예술성과 수준 높은 기능성을 밝히는 일이라고 생각한다.

불교 공예미술의 정수 사리장엄

I 송림사 사리장엄

보각형 사리장엄 가운데 가장 대표적인 작품으로 꼽힌다

신라 7세기
금동 보각형 사리함 높이 14.2cm
녹색 유리배 높이 7.2cm, 입지름 8.7cm
녹색 유리 사리병 높이 6.3cm, 배지름 3.1cm, 보주형 마개 높이 2.4cm
청자 사리합 지름 18.0cm
국립대구박물관 소장

1959년 4월 경상북도 칠곡에 자리한 송림사(松林寺)의 오층전탑을 해체 수리할 때 발견된 사리장엄이다. 사리와 사리기를 비롯한 장엄 일체는 2층 탑신에 놓인 거북 모양의 석함 속에서 발견되었고, 상감청자 합(盒)만 5층 옥개석 위에 올려진 복발(覆鉢) 속에

송림사 내경

송림사 오층전탑 사리기. 기단부와 중심부, 천개부로 이루어져 있다. 기단부는 연꽃잎으로 각면을 장식하고, 중심부에는 유리잔을 놓고 그 안에 사리가 봉안된 유리 사리병을 넣었다. 이처럼 유리잔 안에 유리병을 안치한 경우는 세계적으로 유일하다. 존귀한 불사리이지만 벽으로 막아놓지 않고 만인이 바라볼 수 있도록 한 열린 구조는 감은사 사리기에서도 볼 수 있다.

있었다. 이 상감청자 합은 다른 사리장엄과는 달리 고려시대의
작품이므로, 적어도 복발 이상은 고려시대에 수리된 것을
알 수 있다.
이 사리장엄은 감은사 내함과 함께 우리나라의 보각형
사리장엄 가운데 공예적으로나 기술적으로나 가장 대표적인
작품으로 꼽힐 만하다.
사리기 내부 중앙에 녹색 유리배(琉璃杯)가 안치되어 있었는데,
이 유리배는 밑에 얕은 받침이 달려 있고 입지름이 넓다.
그 안에 녹색의 유리 사리병이 있어 이 안에 불사리가 봉안되어
있었다. 사리병은 옅은 황색이 도는 녹색의 투명 유리로 만들었다.

송림사 사리기 천개 부분. 천개를 위에서 바라본 모습이다. 아래위 2단으로 구성된 천개의 구조가 한눈에 들어온다. 특히 지붕 외곽에 장식된 나뭇잎처럼 얇게 오려붙인 장식판이 바깥으로 휘어지게 한 의장은, 중국 돈황 벽화에 나타나는 귀인이 앉는 시설인 상장(牀帳)의 지붕과 매우 비슷하다.

배가 부르고 목이 긴 형태이며, 그 위에 짙은 녹색이 도는 투명 유리로 만든 보주형(寶珠形) 마개가 있다.

사실 이러한 유리 사리배와 사리병의 형태에는 외래적 요소가 다분히 묻어 있다. 유리배의 겉에 가락지 모양의 물체가 장식되어 있는 것이라든가, 목이 유달리 길고 가늘며 몸체가 마치 사과처럼 둥근 유리병에서는 서역의 풍취가 물씬 풍긴다. 실제로 이와 비슷한 모습을 실크로드 문화권에서 확인할 수도 있다. 따라서 신라의 활발한 대외 교류의 흔적이 잘 남아 있는 사리기로 기억하여도 좋을 듯싶다.

지붕 모양의 천개는 이 사리장엄 가운데 가장 특징적인 부분이다. 천개는 2단으로 구성되었는데 투각한 장식판과 이에 부착된 긴 연꽃잎이 밖으로 비스듬히 달렸다. 그리고 처마 밑으로 삼각형의 세로 장식이 14개씩 늘어졌으며, 천개의 네 모서리에는 기단까지 닿도록 길게 늘어뜨린 영락이 달린 긴 세로 장식이 있다. 이 모든

부재는 얇은 금판을 오려낸 다음 거기에 점선 등을 찍어
가공하였으며, 그것을 다시 하나하나 못으로 고정한 것이다.
제작연대에 대해서는 7세기 설과 8~9세기 설이 있다. 8~9세기
설은 전탑의 양식을 그대로 사리기 연대에 연결시킨 것이고,
7세기 설은 사리기의 천개 양식을 중국 돈황벽화 등에서 보이는
상장(牀帳)과 감은사 사리내함의 천개와 비교하여 그렇게 본
것이다. 필자는 천개의 양식으로 볼 때 감은사 사리내함보다
적어도 한 세대 정도는 앞선 7세기 초반으로 생각하는데, 그럴 경우
우리나라 사리기 가운데 가장 오래된 작품이 된다.

송림사 │ 신라 눌지왕 때 고구려의 묵호자(墨胡子)가 창건하였고 소지왕 때 본격적인
가람으로 성립되었다고 전한다. 그 뒤 544년(진흥왕 5) 중국에 유학갔던 명관(明觀)이
중국 진(陳)의 사신과 함께 돌아오면서 불사리와 불경 2,700권을 이운해 왔는데,
이때 불사리 일부를 송림사 오층전탑에 봉안하였다고 한다. 고려시대인 1092년
(선종 9) 대각국사 의천(義天)이 중창하였으나 1235년(고종 22) 몽고군의 침략으로
탑만 남은 채 전 당우가 소실되었다. 조선에서는 1686년(숙종 12)에 커다란 규모로
중창되었다.

천개 │ 불상이 봉안되는 불단(佛壇)에서 불상 위에 설치하는 천장 모양의 장식시설을
천개라 한다. 중국 돈황벽화 등의 회화에도 불상 위에 천개가 표현된 것을 볼 수 있다.
고귀한 존재를 장엄하기 위한 가구(架構)인 셈이다. 신라에서는 송림사와 감은사
사리장엄에 천개를 응용함으로써 세계적으로 유례가 없는 훌륭한 사리기를
창조해냈다. 불사리가 곧 불신이라는 인식을 바탕으로 하여, 부처를 공양하기 위한
전각으로 표현해낸 것이 바로 사리장엄이다.

2 감은사 동서 삼층석탑 사리장엄

전각에 사리를 안치한다는 발상은 신라인만의 독특한 사리관이다

통일신라 682년
동탑 금동 사리외함 전체 높이 30.2cm, 너비 188cm
금동 사리내함 전체 높이 18.8cm, 기단부 너비 14.6cm
수정 사리병 높이 3.65cm
서탑 금동 사리외함 전체 높이 31.0cm, 너비 189cm
금동 사리내함 전체 높이 20.3cm, 너비 14.9cm
수정 사리병 높이 4.7cm
국립중앙박물관 소장

경상북도 경주시 양북면 용당리 동해안에 있는 감은사(感恩寺)에는 682년에 세운 것으로 여겨지는 삼층석탑 2기가 동서로 나란히 배치되어 있다. 서탑은 1959년 해체복원 공사 중 사리장엄이 발견되어 보물 제336호로 지정되었고, 동탑은 1996년의 해체 복원

감은사 동탑 사리내함과 사리외함.

오른쪽 | 사리외함 사면에 부조된 사천왕상

70

71

감은사지 서탑 사리병과
사리내함·외함

중 서탑과 비슷한 사리장엄이 발견되어 2002년에
보물 제1359호로 지정되었다.

동서 삼층석탑 모두 사리장엄은 사각형 금동 사리외함, 보각형
금동 사리내함, 그리고 유리 사리병으로 구성되었다. 사리내함
기단의 윗부분에는 난간이 둘렸고 중앙에 연꽃 모양이 장식되어
있는데 그 가운데에 안치된 유리 사리병에 사리가 담겨 있었다.
사리는 서탑에서 1과, 동탑에서 54과가 각각 발견되었다.
금동 사리외함은 사각형인데 네 면에 각각 사천왕상이 부조되어
있다. 사천왕은 각각 손에 탑이라든가 창 등을 쥐고 발로 악귀 등을
누르고 있는 모습인데, 매우 사실적으로 표현되어 신라 조각의
뛰어난 미감을 다시 한 번 느끼게 된다. 그런데 사천왕의 얼굴을
자세히 보면 서역인의 모습이고, 이국적인 형태의 갑옷이나 신발
등을 착용한 것이 눈에 띈다. 이러한 서역풍은 경주 석굴암 전실
입구의 사천왕상에서도 확인할 수 있다.

외함 정상 부분은 네 면이 각각 비스듬히 밑으로 기운 모습인데

중국 석굴 내부 천장에서 이러한 형태를 볼 수 있다. 꼭대기에는 고리가 달려 있어 위로 들 수 있도록 하였다.

금동 사리내함은 보각형으로 구성되었다. 보각형이라는 것은 곧 건물 형태를 띠고 있다는 뜻인데, 중국의 영향을 받은 것이지만 중국과 달리 보다 창조적으로 발전시켜 여기에 사리병을 안치한 것은 신라적인 독창성이라 하겠다. 보각형 사리기가 나타나게 된 배경은 신라인들이 불사리를 단순히 유골로서만 인식한 게 아니라 부처님 그 자체로 인식했기에, 존귀한 존재가 거처하는 전각에 사리를 안치한다는 발상을 한 것으로 보인다. 그야말로 세계에서 유례를 볼 수 없는 신라인만의 독특한 사리관(舍利觀)이라 할 수 있다. 보각형 사리기 중에서도 가장 특징적인 부분이 바로 지붕인 천개이다.

천개에 드리운 장식 끝에는 두께 0.1mm, 길이 5~7mm, 무게 0.04g의 초소형 풍탁이 있는데, 현미경으로 보면 금물을 떨어뜨려 만든 누금(鏤金) 기법으로 제작하였을 만큼 놀라운 세공기술이 발휘되어 있어 현재로서도 따라갈 수 없는 당시의 금공예 제작 수준을 짐작케 한다. 또한 유리 사리병에 대한 납동위원소 분석 결과 원료 산지가 한국 중남부의 광산임이 밝혀졌다. 수정 사리병은 밑에 놓은 받침과 뚜껑이 모두 화려하게 도안된 금동 장식으로 되어 있어 신라의 우수한 금동 조각 기술을 한껏 자랑하고 있다.

감은사 | 신라 문무왕이 삼국통일을 이루고 난 후, 부처의 힘으로 왜구의 침입을 막고자 이곳에 절을 세우다가 완성하지 못하고 승하하자 아들 신문왕이 선왕의 뜻을 좇아 682년에 완공하였다. 신문왕이 부왕의 은혜에 감사한다는 뜻으로 절이름을 감은사라고 지었다 한다. 발굴 결과 금당 밑에 공간이 마련되어 있는 특수 구조임이 밝혀졌는데, 이는 죽어서 동해 용이 된 문무왕이 낮에는 바다를 지키다가 밤에 돌아와서 쉬기 위한 시설로 만들었다고 전한다. 동서로 나란히 서 있는 삼층석탑 역시 창건과 같은 시기에 세워졌으며 현재 국보 제112호로 지정되어 있다.

3 전 황복사지 삼층석탑 출토 금동 사리외함

왕실의 번영과 태평성세를 기원하기 위하여 사리를 봉안하였다

통일신라 692년, 706년
금동 외함 높이 21.5cm, 뚜껑 30×30cm
은제 상자형 함 높이 5.6cm
금제 상자형 함 높이 3.0cm
금동 고배 높이 6.0cm
국립중앙박물관 소장

경상북도 경주시에 있는 황복사지(皇福寺址) 삼층석탑은 일명 구황동 삼층석탑이라고도 하는데, 1943년의 해체 수리 때 제2층 옥개석에 마련된 사리공에서 금동 사리외함을 비롯하여 은제 및 금제 사각함, 금제 불상 2위, 녹색 유리병 파편, 사리 4립, 유리 구슬, 은제 및 금동제 고배(高杯) 각 2개 등이 발견되었다.
금동 사리외함은 형태상 전형적인 상자형 사리기에 속하는데, 특히 사리외함 뚜껑 내면에 새겨진 음각 명문을 통하여 사리 봉안의 과정을 알 수 있다. 신문왕이 691년에 붕어하자 그의 아들 효소왕이 부왕의 명복을 빌기 위해 692년에 삼층석탑을 세웠으며, 효소왕이 붕어하자 아들 성덕왕이 706년에 앞서의 두 왕을 위해 사리·불상 등을 다시 넣고 아울러 왕실의 번영과 태평성세를 기원하기 위하여 사리를 봉안한 것이다. 이렇게 사리 봉안의 목적과 유래를 분명하게 알 수 있는 경우는 드물다. 게다가 706년이라는 사리기의 제작연도가 확실하므로 당시의 기준 작품으로서 중요한 가치를 지닌다.
황복사지 삼층석탑의 금동 사리외함뿐만 아니라 그 안에 있던 은제 및 금제 사리함도 상자형이다. 말하자면 청동→은→금의 순으로 사리기를 겹쳐 봉안한 것이다.
한편 금동 사리외함은 바깥쪽 네 면에 총 99기의 소탑(小塔)을

황복사 삼층석탑 상자형 사리기. 상자형 사리기의 전형으로, 단조(鍛造)로 만든 6장의 금동판을 서로 조립하여 만들었다. 외함에는 탑지석을 대신하여 음각 명문을 새겼으며, 사리를 봉안한 사리내함 역시 상자형으로 구성했다.

아래 | 황복사 삼층석탑 사리외함에 새겨진 명문. 효소왕이 선왕인 신문왕의 명복을 빌기 위해 692년에 탑을 세우고, 706년에 효소왕의 아들 성덕왕이 두 선왕을 위하여 불사리를 봉안하였다는 명문이 뚜껑 안쪽에 새겨져 있다.

전 황복사 삼층석탑에 사리장엄과 함께 봉안된 불상(오른쪽이 미륵여래입상, 왼쪽이 아미타여래좌상).
넓은 의미에서 본다면 탑에 봉안된 불상 역시 사리장엄의 하나로 여길 수 있지 않을까 한다. 불상이란 불신(佛身)을 표현한 것이고, 이는 곧 불사리와 다름없기 때문이다.

점선으로 새긴 것이 특징이다. 이러한 명문과 탑 장식을 통하여 704년 중국에서 한문으로 번역된 『무구정광대다라니경』이 봉안되었음을 알 수 있다. 『무구정광대다라니경』으로 대표되는 다라니 신앙은 탑 안에 99기의 소탑을 봉안함으로써 무한한 공덕을 짓게 된다는 것이다. 우리나라의 경우 봉화 서동리 동 삼층석탑의 99기 외에 전(傳) 대구 동화사 삼층석탑의 53기, 해인사 길상탑의 157기 등 탑 내에 소탑이 봉안된 예가 여럿 있다.

금제 불상 2위는 모두 소형이면서도 섬세한 조각이 돋보이는 우수한 작품이다. 그런데 양식으로 보면 여래입상이 692년 최초 봉안 때 안치된 것이고 706년 재봉안할 때 여래좌상을 안치한 것으로 보인다. 좌상은 아미타상이며 입상은 미륵여래상이다. 신라시대에 아미타여래상과 미륵여래상을 함께 봉안하는 경우가 있었는데, 이 역시 그러한 경우이다. 이를 통해 아미타신앙과 미륵신앙이 함께 숭앙되었던 당시의 신앙 흐름을 짐작해볼 수 있다. 함께 안치되었던 금제 및 은제 고배는 신라시대에 대단히 유행하였던 토제 고배가 은과 금으로 만들어진 흔치 않은 유례라는 점에서도 주목된다.

황복사 | 정확한 창건연대는 알 수 없지만, 의상 대사(625~702)와 관계가 있으므로 적어도 7세기 무렵에는 창건되었을 듯하다. 692년(효소왕 1) 왕과 왕비 신목태후가 신문왕의 명복을 빌기 위해 삼층석탑을 세웠고, 706년(성덕왕 5) 불사리 4과를 봉안하였다. 또한 고승 표훈(表訓)이 화엄학을 강의하였는데, 불국사를 창건하였던 김대성이 760년(경덕왕 19)에 이곳에서 화엄학을 배운 적이 있다. 불사리가 발견된 삼층석탑은 국보 제37호로 지정되어 있다.

4 불국사 삼층석탑 사리장엄과 금동 사리외함

화려함이 속으로 감추어진 소박하고 단아한 형태의 사리기이다

통일신라 751년
금동 사리외함 높이 17.5cm
국립경주박물관 소장

1966년 경주 불국사(佛國寺) 삼층석탑, 흔히 석가탑이라 부르는 탑에서 발견된 사리장엄이다.
사리장엄의 봉안 상태를 보면, 먼저 불사리는 제2층 옥신(屋身) 중앙에 마련한 사각형 사리공 안에 봉납되어 있었다. 바닥에 비단을 깐 사리공 중앙에는 보각형 금동 사리외함을 안치하였고 그 주위는 장엄구로 채워져 있었다. 장엄구 가운데 반쯤 파손된 금제 거울은 남쪽에 세워져 있었으며 사리함 서쪽 가까이에 금제 비천상(飛天像), 북쪽에는 목조 소탑(小塔)이 있었다. 이들 주변에는 관옥(管玉)·수정(水晶)·동개(銅筓, 비녀)·금박편

불국사 삼층석탑 사리 봉안 장면. 1966년 불국사 삼층석탑, 일명 석가탑을 해체 보수하던 중 사리장엄이 발견되었다. 이듬해인 1967년에 보수를 마친 뒤 똑같은 크기와 형태로 새로 만든 사리장엄을 사부대중이 모여 다시 탑 안에 봉안하는 의식을 거행하였다. 발견 당시 사리장엄에 봉안되어 있던 불사리 48과는 새로 만든 사리장엄 안에 재봉안하였다.

불국사 삼층석탑
(석가탑)과 다보탑

(金箔片)이 있었는데 사리공 전체에 2~3cm 두께로 먼지가 차 있었다. 그 밖에 사리함 기단 밑에는 먹글씨가 적힌 종이 조각이 여러 겹으로 뭉쳐진 상태로 비단에 싸여 있었다.

사리장엄 가운데 특히 금동 외함은 양식상 보각형에 속하면서도, 감은사·송림사 사리함에서 볼 수 있는 화려함이 속으로 많이 감추어지고 비교적 소박하고 단아한 모습을 하고 있다. 형태를 보면, 지붕의 추녀 끝을 반원형으로 처리하였고 그 밑에 보주형 영락 장식을 하나씩 매달았다. 지붕 맨꼭대기에는 보주가 여러 겹으로 된 연꽃에 싸여 있으며, 다른 보주가 옥신의 네 기둥 위에도 장식되었다.

함체는 네 면을 좌우대칭으로 하여 보상(寶相)과 당초(唐草) 무늬를 투각(透刻)한 금동판으로 구성하였다. 함체를 투각으로

불국사 삼층석탑에서 발견된 금동 보각형 사리외함 안에 뚜껑이 달린 계란 모습의 갸름한 은제 사리호가 안치되어 있었다. 은제 사리호 안에는 불사리 46과가 봉안된 녹유리 사리병이 안치되었다. 사리외함 안에는 별도로 금동 상자형 사리함과 사리 1과를 봉안한 또 다른 은제 사리호가 안치되었으며, 상자형 사리함 안에 목조 사리병이 들어 있었다.

아래 | 금동 보각형 사리외함. 비교적 높다랗게 만든 기단부의 네 면에는 각 면에 2구씩의 안상이 있고, 총 48과의 불사리가 봉안된 유리병이 함체 바닥에 마련된 연화문 위에 안치되었다.

장식한 것은 남원 출토 사리기와 의성 빙산사지 오층석탑의 사리기에서도 나타나고 있어 이들이 불국사 사리외함의 영향을 받았음을 알 수 있다. 함체 내부에는 『무구정광대다라니경』을 비롯하여 계란처럼 갸름한 모습의 은제 사리호가 있었고, 이 안에 유리 사리병이 봉안되었다.

함체 내부 바닥 중앙에는 높이 2.5cm, 너비 7.9cm의 겹꽃잎 8장이 장식된 연꽃 대(臺)가 마련되었다. 이 사이에서 연꽃 봉오리가 솟아오르는 형상인데, 이 위에 은제 도금 사리호가 안치되었다. 기단은 비교적 높다란 편인데, 내부는 비어 있고 옆면에는 2개씩의 고식(古式) 안상이 역시 투각으로 장식되었다. 이 안상의 기본 구조는 감은사 금동 사리내함 안상의 영향을 받은 것으로 보이는데, 세부적으로는 보물 제331호 백제 금동미륵반가사유상의 사각형 대좌에 장식된 안상과 거의 같아 서로의 연관성에 대해 주목할 필요가 있다.

불국사 | 창건에 대하여 두 가지 설이 전한다. 하나는 528년(법흥왕 15) 왕모인 영제부인(迎帝夫人)의 발원으로 창건하여 574년 진흥왕의 어머니 지소부인(只召夫人)이 절을 크게 중건하면서 비로자나불과 아미타불을 봉안하였고, 751년(경덕왕 10)에 김대성(金大城)이 중창하였다고 한다. 또 다른 이야기로는, 눌지왕 때 아도(阿道)가 창건하였고 경덕왕 때 김대성이 중창하였다고 한다. 우리가 흔히 알고 있는 김대성의 불국사 창건 이야기는 바로 이때의 중창을 말하는 것이다. 그렇다면 처음 소규모로 창건된 불국사가 경덕왕 때 재상 김대성에 의하여 대대적으로 확장된 것으로 볼 수 있다. 현재 불국사 일원이 사적 및 명승 제1호로 지정되어 있으며, 1995년 유네스코에 의하여 석굴암과 더불어 세계문화유산으로 지정되었다.

5 불국사 삼층석탑 사리기 중 은제 사리호

통일신라 공예품에 표현된 공간장식인 연주문이 잘 나타나 있다

통일신라 751년
은제 사리내호 높이 11.5cm(뚜껑 포함)
은제 사리호 높이 5.98cm(뚜껑 없음)
녹유리 사리병 높이 6.5cm
국립경주박물관 소장

이 은제 사리기를 기존에는 합(盒)으로 분류하였다. 그러나 이 용기는 비록 소형이지만 전체적으로 볼 때 함체 양옆이 장고처럼 부른 이른바 고복식(鼓腹式)의 난형(卵形)이며, 여기에 굽이 달려 있으므로 둥글고 납작한 용기를 가리키는 합이라기보다는 호(壺)의 한 형태로 보아야 할 것이다.

불국사 삼층석탑 은제 사리호. 뚜껑이 있고 뚜껑 맨 위에 연꽃으로 둘러싸인 마노 꼭지를 부착한 것이 특이하다. 표면에는 연주무늬를 빼빽하게 장식하였으며 보주 모양의 구슬을 네 곳에 배치하였다.

유리 사리병. 목이 짧고 배가 둥글게 부른 모습이다. 이와 같이 몸체를 공처럼 둥글게 만든 사리병은 우리나라에서는 매우 드물다. 이 안에 사리 46과가 들어 있었다.

이 사리호는 은 바탕에다 도금한 것인데, 금동 사리외함 내부 중앙에 안치된 연화좌 위에 놓였다. 사리호의 표면은 연꽃 무늬와 둥근 점 무늬 등을 찍어 장식하였고, 뚜껑에 연꽃에 싸인 붉은색 마노(瑪瑙)를 붙여 꼭지로 삼았다. 마노 꼭지 둘레는 겹잎을 한 연꽃 무늬를 찍어 장식하였다. 몸체에는 연주문(聯珠紋)을 빽빽하게 표현하였으며, 그 아래 네 곳에 보주 형상의 구슬이 박혀 있는 것이 특징이다. 이 연주문을 물고기의 알처럼 생겼다 하여 일명 어자문(魚子紋)이라고도 하는데, 일본식 용어로 그다지 좋은 표현은 아니다. 어쨌든 이러한 무늬는 통일신라시대 공예품 장식에 애용되던 기법으로, 경주 나원리 오층석탑 사리외함에도 나타나 있다. 몸체 하단의 간지(間地), 곧 빈 공간에도 역시 연주문으로 메운 연꽃을 찍어 장식하였다.

사리장엄 발견 당시 이 두 개의 은제 사리호 가운데 사진 왼쪽의 뚜껑 없는 사리호 안에는 녹유리 사리병이 들어 있었다. 발견 직후 불국사 극락전에서 전시되던 중 취급부주의로 파손되었다가 근래에 수리 복원되었다.

그밖에 향목(香木)으로 만들고 겉에 붉은 칠을 한 사리병도 금동 상자형 사리함 안에 안치되어 있었다. 이 목제 사리병은 사리병을 유리나 수정이 아닌 나무로 만든 유일한 예로, 인도를 비롯하여 중국·일본 어디에서나 목제 사리병은 발견된 적이 없다. 형태도 8~9세기 신라에서 유행한 것과 같이 목이 길고 두터우며 배가 살짝 부른 모습이다. 그러나 이 향목 사리병은 발견 직후 취급 부주의로 파손되었고 현재 전시된 것은 모조품이다.

6 불국사 삼층석탑 사리장엄 중 『무구정광대다라니경』

사리장엄의 일종이자 세계에서 가장 빠른 목판인쇄물이다

통일신라 751년
무구정광대다라니경 높이 6.7cm, 길이 641.9cm
국립경주박물관 소장

불국사 삼층석탑에서 발견된 다라니 경전인 『무구정광대다라니경』은 금동 사리외함 안에 놓인 금동 사각형 사리합 위에 비단에 싸인 채 여러 번 실로 묶어 놓여 있었다.

겉을 포장한 비단은 물론이고 그 안에 포장된 두루마리 책 역시 벌레로 인하여 많은 손상을 입었다. 맨 앞부분의 일부는 완전히 없어지고 상당한 깊이까지 조각이 나 있었으나, 중심부로 갈수록 상태가 좋아서 안쪽은 거의 완형을 남기고 있다. 두루마리 가운데에 해당하는 권심(卷心)에는 붉게 주칠(朱漆)한 원형의 목심(木心)을 중심에 놓아 책을 말았고, 두루마리의 맨 앞에는 목심의 축이 달려 있다.

손상된 부분은 1990년 일본의 고서 수리 전문가가 좀먹은 부분 등을 수리하여 복원했다. 글씨는 목판 인쇄된 것으로 종이 아래 위로 각각 가로 선이 한 줄씩 있어 경계를 나타낸다.

이 안에 인쇄된 글자 수는 일정하지 않고 각 행 6~11자씩 약 63행이 현재 남아 있다. 재질은 닥종이이며, 약 52cm 길이의 종이를 계속 이어서 만들었다.

이 경전의 가치는 사리장엄의 일종이자 세계에서 가장 빠른 목판인쇄물이라는 점이다. 비록 경전의 인쇄연대가 명시되어 있지는 않지만 내용 중에 '증'(證)·'지'(地)·'수'(授)·'초'(初)에 해당하는 이른바 측천무후자(則天武后字) 4자가 들어 있는데, 이

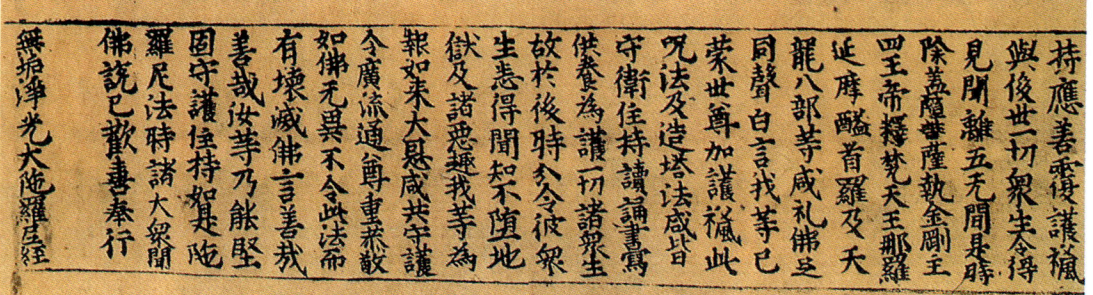

불국사 삼층석탑 『무구정광대다라니경』. 법신사리로 봉안되었다. 내용 중에 측천무후자 4자가 있는 것으로 보아서 적어도 삼층석탑이 세워진 751년 이전에 인쇄된 것이 확실하여 세계에서 가장 오래된 목판인쇄물로 꼽힌다.

측천무후자는 대체로 690년에서 704년 사이에만 사용된 시한이 있는 문자이므로 이 다라니경 제작연대의 추정에 중요한 단서가 된다. 보통 사리장엄의 제작연대를 봉안된 탑에 맞추어 보므로 불국사 석탑의 건립연대인 서기 751년을 하한으로 잡아야 하지만 측천무후자의 용례로 보면 이 경전만큼은 그보다 앞서는 시기임이 분명하다. 결국 그 동안 인쇄 경문으로는 가장 오랜 770년에 제작된 일본 호류지 소장의 이른바 『백만탑다라니경』 (百萬塔陀羅尼經)보다 앞서는 세계 최고(最古)의 목판인쇄물인 것이다.

『무구정광대다라니경』 | 불교 경전 가운데 하나로, 중국에서 704년 무렵 미타산(彌陀山)과 실차난타(實叉難他)가 함께 한역(漢譯)하였다. 내용은 조탑(造塔) 공덕을 강조한 것이 특징이다. 그래서 이 경전이 우리나라에 수입된 이후 조탑 불사가 매우 성행하게 되었고, 탑이 조성된 후에는 이 경전을 법신사리로 탑 안에 봉안하였다. 우리나라에서 탑에 다라니를 사리장엄과 함께 봉안한 예로는 불국사 삼층석탑을 비롯하여 나원리 오층석탑, 황복사지 삼층석탑 등이 있다.

7 김천 갈항사지 동서 삼층석탑 사리기

우리나라 고유의 기형이기보다는 중국 북방의 요소가 짙게 배어 있다

통일신라 758년
서탑 청동 사리호 높이 15.5cm, 금동 사리병 높이 8.1cm
동탑 청동 사리호 높이 11.5cm, 금동 사리병 높이 8.8cm
국립대구박물관 소장

경상북도 김천시 남면 오봉리 금오산 서쪽 기슭에 자리했던 갈항사(葛項寺) 터에는 삼층석탑 2기가 동서로 서 있었다. 갈항사는 오래전에 폐사되었고 일제강점기 때인 1916년에 두 탑이 서울 경복궁으로 옮겨졌는데 그때 각각 사리장엄구가 발견되었다. 이 두 탑은 통일신라시대의 대표적 석탑 양식을 지니고 있으며, 현재 국보 제99호로 지정되어 있다.

동탑 기단에 탑을 세운 경위를 적은 조탑명(造塔銘)이 새겨져 있는데, 그에 따르면 758년(경덕왕 17)에 경주 영묘사(靈廟寺)의 언적(言寂) 법사 삼남매가 탑을 세운 것으로 나와 있다. 이는 곧 이 동서 양탑에서 발견된 사리기들의 제작연대이기도 하다.

사리기의 양식은 전형적인 호형(壺形)이다. 몸체에는 아무런 무늬가 없는데 우리나라에서 사리기로 사용된 호는 모두 이렇게 무늬가 없는 것이 특징이다. 이 청동 사리호는 동서 탑 모두에서 발견되었고, 기단 아래에 별도로 만들어놓은 가공석에 마련된 사리공에 안치되어 있었다.

이 가운데 동탑 사리기의 경우 청동 사리호 안에 다시 금동으로 만든 사리병을 넣고 그 안에 사리를 봉안하였는데, 이렇게 호 안에 금동 사리병을 넣는 경우는 매우 드물다. 청동 사리호는 항아리 형태이며 밖으로 벌어진 굽이 달렸고 위에는 뚜껑이 있다. 금동 사리병은 목 부분에 7개의 돌대(突帶)가 둘려 있으며, 여느

사리병처럼 마개로 덮은 것이 아니라 뚜껑이 달려 있는 것이 특징이다. 사실 사리호나 사리병의 이같은 형태는 우리나라 고유의 기형(器形)이기보다는 중국 북방의 요소가 짙게 들어가 있다고 할 수 있다.

서탑의 경우에도 청동 사리호와 금동 사리병에 이국적 풍취가 짙게 보인다. 사리호는 동탑 사리호와 마찬가지로 뚜껑이 달렸는데, 몸체 양쪽 윗부분에 물동이처럼 손잡이가 달려 있는 것이 다르다. 또한 몸체의 너비가 보다 크고 밑에 굽이 없는 점도 다르다.

동서 양탑의 사리기 모두 유리가 아닌 금동으로 사리병을 만든 것은 이 갈항사 사리기에서 처음 나타나는 것이다. 유리 대용으로 금동을 사용한 것은 그만큼 유리 사리병의 제작이 힘들다는 것을 말하는 것이겠지만, 한편으로는 중국 북방 또는 중앙아시아 등 서역(西域)의 영향을 나타낸 것이라고도 하겠다.

사실 신라는 '황금의 나라'라고 불릴 만큼 금을 잘 사용했다. 그리고 이 사리기가 제작된 8세기는 그러한 신라의 금 세공 기술이 한창 무르익었을 때였다. 신라의 금 세공 기술은 가히 세계적 수준이었는데, 사리장엄 역시 그 같은 신라 금공예의 대표적 장르였던 것이다.

김천 갈항사지 동탑 사리기(위)와 서탑 사리기. 이 두 사리기는 모두 특이하게도 탑신이나 옥개석이 아닌 기단 밑에 별도로 만든 사리공에 안치되어 있었다.

갈항사 | 692년(효소왕 1) 중국 당에서 귀국한 화엄법사 승전(勝詮)이 창건하고 화엄경을 강설하였다. 758년(경덕왕 17) 남매 사이였던 경주 영묘사의 언적(言寂)과 문황태후(文皇太后)·경신태왕(敬信太王)이 삼층석탑 2기를 건립하였는데, 이는 곧 갈항사가 경주 외의 지역에 있었던 왕실의 원찰이었음을 입증하는 것이다.

8 석남사지 출토 영태2년명 납석제 사리호

사리장엄이 탑뿐만 아니라 불상에도 적용된 사실을 보여준다

통일신라 766년
납석제 사리호 높이 14.3cm
부산광역시립박물관 소장

이 납석제 사리호는 언제인가 도굴되어 민간에 유통되던 것을
1981년 부산광역시립박물관에서 입수한 것이다. 나중에 관계자에
의해 경상남도 산청 석남사(石南寺) 터에서 전래한 것으로
확인되었다.
발견자의 말에 따르면, 절터에 파괴된 채 놓인 불상 대좌의
중대석에 마련된 둥근 구멍 안에서 발견하였다고 한다. 사리공
안에는 성냥갑만한 크기의 상자형 금동 함이 들어 있고, 그 안에
한지 뭉치가 들어 있었으나 꺼내 본 직후에 금방 부서져
없어져버렸다고 한다. 발견자의 말이 맞는다면 이 한지 뭉치는
『다라니경』이거나 혹은 다라니 사상에 따라 99기 내지 77기의 탑을
인쇄한 종이였을 가능성이 높다. 밖에 나와 빛을 받자마자
부스러기처럼 되었다는 것은 그만큼 연대가 오랜 종이라는 뜻이다.
어쩌면 신라시대의 종이인지도 모르는데 발견자의 부주의와
후속조치 미비로 없어져버린 것이 너무 아쉽기만 하다.
이 사리장엄 가운데 특히 납석제 사리호가 중요하다. 사리호의
표면에 가는 선을 돌려 장식하고 모두 15행의 명문을 음각했다.
표면의 음각 명문은 대구 동화사 비로암 삼층석탑에서 발견된
사리호, 일명 민애대왕 사리호에서도 볼 수 있다. 바닥에도 명문이
남아 있으나 표면의 글과는 달리 정연하지 않고 긁힌 곳이 많아
판독이 어렵다. 표면의 명문에 의하면, 영태(永泰) 2년(766) 7월
2일에 법승(法勝)과 법연(法緣)이 석조 비로자나불상을 조성하고

석남사지 영태2년명
납석제 사리호

『무구정광다라니』와 함께 석남사 관음암에 봉안하였다고 한다.
실제로 이 사리호가 발견된 곳에 통일신라시대에 조성한
비로자나불상이 있고 둥근 구멍이 난 중대석이 있어, 발견자의 말과
사리호 명문의 내용이 일치한다.
이 사리기는 통일신라시대에 사리 봉안이 비단 탑에만 적용된 것이
아니라 불상에도 적용되었다는 사실을 보여준다. 또한 고려시대
이후 유행하는 불상 복장(腹藏) 봉안의 가장 오래된 예가 된다는
점에서도 중요하다.

이와 비슷한 예로 경상북도 청도 운문사(雲門寺) 작압(鵲鴨)에 봉안된 석조 여래좌상의 대좌에서도 사리장엄이 발견된 적이 있다. 하지만 운문사 사리장엄은 이 영태2년명 사리호보다 연대가 다소 내려간다는 점에서 이 영태2년명 사리호의 가치가 높다.

납석 | 광석의 일종으로 곱돌이라고도 한다. 백색, 담갈색 등 여러 가지가 있는데, 치밀한 비결정질(非結晶質)의 표면은 석랍(石蠟) 같은 촉감이 있다. 석질이 부드럽고 매끈하여 예로부터 불상 등의 재료로 사용되거나 혹은 이 사리호처럼 사리기로도 애용되었다. 사리기의 발생국인 인도에도 납석제 사리기가 많이 있다. 우리나라에서는 그밖에 도장의 재료로도 사용되어 왔다. 근래에는 내화(耐火) 벽돌·내화 모르타르·용융 도가니 등 내화재, 타일이나 유약 등 도자기의 원료, 농약 등에도 사용된다.

9 전 안성 출토 영태2년명 사리장엄

신라시대에 이러한 청동제 사리병이 봉안된 일은 드문 경우이다

통일신라 766년
청동 사리병 높이 6.3cm
납석제 지석 가로 11.0cm, 세로 10.5cm, 두께 4.2cm
동국대학교박물관 소장

1966년 동국대학교 박물관에 통일신라시대의 사리장엄이
입수되었는데, 전하는 말로는 경기도 안성군 죽산면 미륵당에 있는
절터의 석탑에서 발견되었다고 한다. 그러나 그 직후
동국대학교에서 출토지로 전하는 곳에 있는 절터를 조사해
보았는데 신라시대의 석탑이 없어서 사실 출토지에 대한 것은
정확하다고 말하기 어렵다.
입수된 사리장엄은 사각형 납석제 탑지석을 대좌로 사용하고
그 위에 지름 2.5cm, 깊이 2.4cm의 둥근 홈을 만들어 청동
사리병을 안치한 매우 독특한 방식으로 봉안되어 있었다. 아마도
국내뿐만 아니라 인도·중국·일본 등에서도 이러한 봉안 형태는
찾기 어려운 것이 아닌가 한다. 그런데 사리병에서 사리는
검출되지 않았다. 이 받침돌은 청동 사리병을 안정되게
고정시킨다는 기능적 측면도 있으나, 그보다는 불상의 대좌를
상징하여 만든 것이 아닌가 생각된다. 불교미술에서 고귀한 대상은
바닥면에 바로 닿게 하지 않고 별도의 시설물 위에 봉안하는데,
이것을 대좌라고 한다. 이렇듯 사리병 아래에 대좌를 놓은 것은
감은사 사리내함이나 송림사 사리함의 경우와 마찬가지로
불사리와 불신을 동일시하였던 사리신앙에 근거한 것이다.
탑지석은 현재 전하는 것 가운데 가장 오래되었다. 탑지석이란
석탑을 세운 인연과 경과 등을 적은 돌을 말한다. 글씨는 옆면과

안성 출토 영태2년명 사리기. 청동 사리병과 탑지석으로 구성되어 있다. 사리병이 청동제인 것은 8세기에는 드문 경우이며, 병마개를 역시 사리병 형태로 만든 것도 독특한 의장이다. 게다가 탑지석이 사리병의 기단부로 겸용된 것 역시 세계적으로 유례가 드물다. 오른쪽은 탑지석의 바닥면.

바닥에 각각 음각되어 있으며, 각 면의 서체와 글자 간의 간격이 서로 다르다. 내용 가운데 영태(永泰) 2년이라는 중국 당나라의 연호가 있어 이 사리장엄이 766년에 봉안된 것임을 알 수 있는데, 산청 석남사지 사리장엄 역시 영태 2년이라는 연호가 새겨져 있다. 탑지석 옆면의 명문에는 최초에 봉안한 해로부터 228년이 지난 순화(淳化) 4년, 곧 993년에 탑을 중수하였다는 기록이 적혀 있다. 고려시대에 이 탑을 중수하면서 사리장엄을 새로 교체하지 않고 예전의 것을 그대로 사용하였으며, 거기에 글씨를 덧새긴 것이다. 사리병은 일반적인 신라의 사리병처럼 유리제가 아니라 청동제인데, 현재 전하는 유물들로 볼 때 신라시대에 이러한 청동제 사리병이 봉안된 일은 드물다. 당시 사람들은 유리를 최고의 화려한 제품으로 생각하였고, 귀한 물건에는 청동을 그다지 사용하지 않았다. 이 사리병은 주둥이에 마개가 있는데 그것 역시

표주박 모습의 사리병 형태로 생긴 것이 특이하다. 사리병의 표면에는 별다른 문양이 없고, 동체 어깨 부분에만 음각선이 둘려 있다.

탑지석 명문 및 번역 |自鷹塔始成永泰二年丙午到更治今年淳化四年癸巳正月八日竿得二百二十八年前始成者朴氏又更治者朴氏年代雖異今古頗同益勵丹誠重寶也造匠玄長老造主朴廉

이 탑은 처음 영태 2년 병오년에 세워졌다. 그 뒤 지금 순화 4년 계사년 1월 8일에 이르러 중수되었으니 그 사이 228년의 세월이 흘렀다. 처음 탑을 세울 것을 발원한 사람은 박씨였는데 지금 다시 중수를 발원한 사람도 박씨이다. 연대는 비록 옛날과 오늘이 서로 다르지만 이러한 인연으로 더욱 정성을 다하여 중보(重寶)를 봉안하였다. 이를 조성한 사람은 현(玄) 장로이고, 발원자는 박렴(朴廉)이다.

10 영양 삼지동 모전석탑 출토 사리석함과 유리 사리병

석함의 밑면이 자연석 그대로인 점은 고대 사리기의 한 특징이다

신라 7~8세기
사각형 석함 가로 20cm, 세로 17cm, 두께 15cm
녹색 유리 사리병 높이 1.7cm(파손)

경상북도 영양군 삼지동에 연대사(蓮臺寺)라는 고찰이 있고, 이곳에 경상북도문화재자료 제83호로 지정된 모전석탑(模塼石塔)이 있다. 모전석탑이란 마치 전탑처럼 보이도록 외부를 벽돌처럼 표현한 탑을 말한다. 이 탑에서 1999년 4월 사리장엄이 발견되었다.
이 모전석탑은 그 동안 9~10세기에 건립된 것으로 보아왔으나

영양 삼지동 모전석탑 사리석함. 석제 사리함과 뚜껑으로 구성되었다. 매우 거칠게 다듬은 모습인데, 특히 바닥면은 거의 자연석 그대로의 상태이다. 그러나 내부 모서리 쪽은 옅게 홈을 파놓아 혹시라도 스며들지 모를 빗물을 빼내는 시설을 잊지 않았다.

영양 삼지동 모전석탑 유리 사리병. 사진 왼쪽은 병마개이고, 오른쪽은 사리병의 몸체이다. 마개는 7~8세기 유리 사리병 마개로 흔히 쓰이는 리벳 형이다.

필자는 양식상 그보다 2세기 가량 앞선 시대의 작품으로 보고 있었다. 기존에 9~10세기로 추정한 것은 모전석탑의 형태가 비교적 소규모이고 조잡하다고 여겼기 때문이다. 그러나 필자는 3층 이상이 허물어져 있는 등 이미 매우 훼손되어 있어 현재 보이는 모습으로만 시기를 판정하기는 어렵고, 오히려 일부 남아 있는 곳의 형태로 볼 때 전탑의 선행(先行) 양식이 나타나 있다고 보았다. 그런데 이때 탑 내에서 발견된 유물을 통해 필자의 생각이 어느 정도 맞게 되었다.

유물로는 사각형 석함 내에 지름 2~3mm의 사리 2립, 파손된 소형 녹색 유리 사리병 및 윗부분 끝을 녹색 유리로 씌운 청동 마개가 있었다.

석함은 사각형이며 상면과 겉면은 다듬어져 있으나 바닥에 닿는 하면은 거의 자연석 그대로인 점이 특징이다. 이것은 고대 사리장엄의 한 특징이기도 한데, 예를 들어 634년에 조성한 것으로 여겨지는 분황사 사리장엄이 봉안된 석함이 바로 그러하다.

유리 사리병은 발견 당시 어깨 부분만 남아 있고 하부는 파손되어 있었다. 마개는 병 안에 들어가는 부분이 못처럼 가늘게 된 이른바 리벳(rivet) 형태로, 7~8세기 유리병 마개로 많이 사용되었던 모습이다.

이 유물들을 자세히 관찰하면 석함의 양식과 다듬은 수법이 경주 분황사 석함과 비슷한 모습을 보여 7세기로 추정되고, 녹색 유리 사리병의 양식 역시 8세기 이전에 나타나는 고식인 점이 확연히 드러난다. 따라서 이 삼지동 사리장엄에 의해 기존에 알고 있었던 전탑의 축조연대가 2세기 가량 올라갈 수 있게 되었다.

연대사 | 연대사는 근래에 세워진 절이고, 그 전에는 영혈사(靈穴寺)라는 고찰이 있었다. 영혈사에 대해 자세한 사적은 전하지 않지만 전하는 말로는 통일신라 이전 삼국시대에 창건되었다고 한다. 따라서 이 삼지동 모전석탑 역시 7세기 초반 이전에 세워졌을 것으로 추정한다.

모전석탑 | 벽돌을 만들어 쌓는 전탑과는 달리 흙이나 돌로 벽돌 모양을 만들어 쌓은 탑을 말한다. 예를 들면 경주 분황사 석탑이 대표적인 모전탑인데, 돌을 벽돌 모양으로 깎아서 세웠다. 모전탑은 전탑을 의도하였거나 모방한 것이므로 일반적으로 전탑 계열에 놓을 수 있다. 우리나라 대부분의 전탑 혹은 모전탑은 경상북도, 특히 안동 일대에 분포되어 있다.

II 나원리 오층석탑 사리기

최초의 상자형 사리기로, 외함과 내함의 구분이 없다

통일신라 8세기
금동 사리함 높이 15.2cm(뚜껑 포함), 너비 15.6cm
국립중앙박물관 소장

경주 나원리의 한 절터에 있는 통일신라시대의 오층석탑을 1997년에 해체 수리할 때 발견한 사리기이다. 이 사리기의 가장 큰 특징은 외함과 내함의 구분이 없다는 사실이다. 사리 또한 일반적인 방법인 유리병을 제작하여 안치하지 않고 다른 공양물과 함께 금동 사리함 내에 그대로 봉안한 점 역시 다른 사리장엄에서는 볼 수 없는 특징이다. 다시 말해서 나원리 사리기는 이보다 다소 앞선 시대인 7세기에 제작된 감은사와 송림사 사리장엄, 그리고 같은 시대인 8~9세기의 다른 사리기가 외함과 내함으로 구분되고 내함 안에 사리가 봉안된 방식과는 달리 외함과 내함의 구분이 따로 없고 사리병도 사용하지 않았다. 본래 사리장치는 삼중으로 된 사리장치에 봉안해야 한다는 경전상의 내용이 있고, 실제로 대부분의 고대 사리장엄이 삼중 이상의 사리기로 중첩되어 있는 현상에 비하면 나원리 오층석탑의 사리장엄은 매우 예외적인 현상이라고 할 수 있다.
기존에는 이러한 사리기의 형태를 관함형(棺函形)으로 보았다. 관함형이라는 것은 글자 그대로 유골 또는 시신을 안치하는 관의 형태처럼 생겼다는 말인데, 이것은 불사리를 부처의 유골로 보았던 중국 수·당의 인식을 수용한 표현법이다.
하지만 우리나라에서는 그 같은 인식이 희박하였으므로 상자형으로 불러야 옳다. 우리나라에서는 진정한 의미의 관함형은 거의 없다.

99

나원리 사리기는 3층 옥개석 상면에 마련된 300×310mm 크기의 사각형 사리공에 안치되어 있었다. 안치된 상황은 사리공 바닥과 상면에 각각 사각의 목판을 깔거나 덮었고, 목판 위에는 또다시 강회를 두툼하게 발라 밀폐시켰다.

사리와 함께 봉안된 공양물의 대부분은 사리기에 들어 있었지만 일부는 사리기 외부의 사리공에서도 확인되었다. 공양물로서는 사리 외에 작은 불상, 소형 금동탑과 목탑, 『무구정광대다라니경』 등이 있었다.

나원리 오층석탑 사리기. 상자형 사리기의 전형적인 모습이다.
네 면에는 각각 사천왕상을 새겼는데, 감은사 사리외함처럼 서역풍의 모습을 하고 있다. 그러나 얼굴과 갑옷, 지물(持物) 등에서 조각적 요소가 강한 감은사와는 달리 회화적 요소가 짙게 나타나 있다. 윗면과 옆 네 면의 공간을 연주문으로 빽빽하게 채운 점도 눈에 띈다.

나원리 오층석탑 사리기 안에 봉안되었던 소형 금동 삼층석탑(왼쪽)과 금동 아미타여래입상.
금동 삼층석탑은 상륜부가 잘 표현되어 있는 등 당시 석탑의 모습을 잘 간직하고 있다. 여래입상은 고졸하면서도 섬세한 표현기법이 신라 불상의 특징을 잘 나타내주고 있다.

나원리 오층석탑 | 이 석탑이 자리한 곳에 현재 나원사(羅原寺)가 있으나 석탑과 관계된 사찰은 아니고 근래에 창건되었다. 나원리 석탑은 전체높이 9.76m로 경주 지방에서는 보기 드문 거탑으로, 감은사지 삼층석탑과 고선사지 삼층석탑 다음으로 큰 탑이다. 전체적으로 신라 석탑의 전형적인 양식을 잘 갖추고 있으며, 조성연대는 경주의 석탑 가운데 비교적 빠른 시기인 8세기에 세운 것으로 보인다.

12 전 남원 발견 금동 보각형 사리기

허공에 떠있는 듯한 파격적인 의장은 다른 나라의 사리기에서는 볼 수 없다

통일신라 8~9세기
금동 보각형 사리외함 높이 14.0cm
녹색 유리 사리병 높이 3.8cm
국립전주박물관 소장

이 사리기는 1966년 전라북도 남원에서 발견되었다고 전한다. 어느 탑에서 어떻게 발견되었는지 등에 대한 전문은 없으나, 통일신라시대 보각형 사리기의 일종으로, 매우 중요한 작품이다. 이 사리장엄은 보각형 사리외함과 그 안에 봉안된 녹색 유리 사리병으로 이루어져 있지만, 그 밖에 다른 무엇이 함께 있었는지는 알 수 없다.

사리외함의 특징은 매우 특이하게도 보각이 연꽃 모습의 팔각 대좌 위에 올려져 있다는 점이다. 이 연꽃 대좌는 아래위 2단으로 되어 있는데, 위쪽 끝에 원통형 받침이 있고 그 위에 위를 향해 놓인 앙련(仰蓮)이 사리함을 받치고 있다. 이렇게 원통형 받침이 있는 대좌 형식도 특이하지만, 여기에 더욱 독특한 의장이 더해졌으니 바로 앙련 네 모퉁이에서 뻗은 줄기에 핀 연꽃 위에 앉은 사천왕상이 그것이다. 사천왕은 불법을 수호하는 신장으로, 특히 동서남북의 방위신 기능을 담당하고 있다. 감은사 사리장엄에서 보듯이 사리장엄에서 사천왕이 표현된 경우가 더러 있는데, 이 남원 발견 사리기 역시 그러한 경우의 하나이다. 그러나 이렇게 네 모서리에서 쭉 뻗어나와 허공에 떠있듯이 나타낸 경우는 가히 파격적이어서 신라뿐만 아니라 다른 어느 나라의 사리기에서도 볼 수 없는 장식이다.

또한 사리함의 네 면에 각각 연화좌 위에 앉아 있는 불상을

전 남원 발견 금동 보각형 사리기. 매우 독특한 의장을 지녔으며, 전체적으로 기단부·함체·산개의 세 부분으로 이루어져 있다. 기단부는 통일신라시대의 사각형에서 원으로 바뀌었고, 천개도 산개(傘蓋)로 변화되었다. 다만 함체만큼은 불국사 삼층석탑 사리외함과 마찬가지로 내부가 들여다보이는 투각의 전통 양식을 따르고 있다.

표현하였다. 그 주위에 당초무늬를 장식하였는데 불국사 석가탑 사리함과 같이 투각(透刻)되어 있어 이 둘 사이에 관련성이 있을 것으로 추정된다. 보각형 사리함 천장에는 우산같이 생긴 보개(寶蓋)가 이중으로 얹혀 있다.

한편 유리 사리병 내부에는 사리 4과가 봉안되어 있었다고 한다. 주둥이 부분이 일부 파손되었으나 전체적으로는 거의 완형에 가깝다. 형태 면으로 본다면 목이 아주 짧고 배가 밑으로 내려가면서 완만하게 곡선을 이루는 형태인데 굽은 거의 없다. 마개는 위가 둥글고 밑이 가늘고 긴 리벳형이어서 이것만 보더라도 9세기를 더 내려가지는 않을 듯하다.

103

13 익산 왕궁리 오층석탑 사리장엄

동쪽에 진신사리를, 서쪽에 법신사리를 나란히 봉안하였다

통일신라 8~9세기
금제 상자형 사리내함 높이 10.3cm
녹색 유리 사리병 높이 6.8cm
금판 금강경 높이 17.4cm, 길이 14.8cm
국립전주박물관 소장

1965년 전라북도 익산시 왕궁리의 오층석탑을 해체 수리하던 중
제1층 옥개석의 이른바 적심부(積心部), 곧 돌을 채워놓은 곳의
윗면과 기단부 적심부에서 사리공과 사리장엄이 발견되었으나
이미 일부는 도굴된 다음이었다.
제1층 옥개석의 사리공은 사각형으로 하나가 아니라 동서로 나란히
두 개가 마련되었는데, 동쪽 사리공에서는 금동 사리외함과
은제 사리내함, 그리고 녹색 유리 사리병이 순서대로 들어 있었다.
서쪽 사리공에도 역시 금동 외함과 금동 내함, 그리고 내함 안에
순금으로 만든『금강반야바라밀경』(金剛般若波羅密經) 19매가
들어 있었다.
옥개석의 사리공 발견 직후 밑으로 내려가면서 차례대로 탑을
해체하던 중 맨아래 기단부의 심초석(心礎石)에서도 사리공이
발견되었다. 심초석이란 주로 목탑에만 보이는 장치로, 목탑의
중심을 잡기 위해 기단부 맨아래에 다듬은 돌을 놓고,
그 한가운데에 구멍을 뚫어 여기에 긴 장대나 쇠를 꽂아놓게 된다.
그러나 왕궁리 오층석탑은 석탑이므로 이러한 심초석이 필요하지
않은데도 시설되었고, 여기에 별도로 사리공이 마련된 것이다.
이 사리공 역시 사각형인데, 특이하게도 북·동·서 등 세 곳이나
마련되었다.
이러한 사리공을 위에서 보면 '品' 자형처럼 배치되었다. 북쪽

익산 왕궁리 오층석탑 금동
사리상자(上). 1층 옥개석
상면에 마련된 서쪽
사리공에서 발견되었다.
상자형 금동 내함에는 안에
『금강반야바라밀경』을
새긴 순금판 19매가 들어
있었다.

아래 | 익산 왕궁리
오층석탑 금제 사리내함

유리 사리병.
1층 옥개석 상면 동쪽
사리공에 금동 사리외함이
있었는데, 그 안에 녹유리
사리병이 들어 있는 금제
사리내함이 있었다.
사리병은 고려시대에
유행한 정병(淨瓶)
형태인데 이 형태는
그 뒤에 나타나는 사리병의
전형이 된다.

사리공에는 향(香) 종류로 생각되는 조각들이 있었고, 동쪽에는
금동 여래입상 1위와 금동 방울 1개가 들어 있었다. 그러나
서쪽에는 이상하게도 흙만 들어 있을 뿐 다른 것은 발견되지
않았다. 아마도 종이나 비단, 나무 등의 재질이 있었으나 부식되어

없어진 것이 아닐까 생각된다.

옥개석 사리공에 있던 사리장엄 가운데 서쪽 사리공의 순금제 금강경판은 우리나라에서 유일한 것으로 의미가 각별하다. 말하자면 동쪽 사리공에 진신사리를, 그리고 서쪽 사리공에 법신사리(法身舍利)를 나란히 봉안함으로써 이 둘을 함께 존숭하였던 신앙을 알 수 있는 것이다.

녹색의 유리 사리병은 주둥이가 좁고 목이 길며, 배가 완만하게 적당한 곡선을 그리고 있다. 전체적으로 기형이 아름답고 맵시가 있다. 주둥이는 금제 마개로 막혀 있었다. 이 사리병은 비록 기포(氣泡)가 많이 보이기는 하지만 대체로 우수한 제품이라고 할 수 있다.

왕궁리 오층석탑 | 이 탑의 조성연대에 대하여 논란이 많았는데, 여러 가지 정황으로 볼 때 옛 백제영역 안에서 후세에까지 유행하던 백제계 석탑 형식에다 신라 탑 형식이 첨가된 고려 초기의 탑으로 볼 수 있다.
1965년 11월~1966년 5월의 해체 수리 때 사리장엄과 더불어 기단 내부에서 통일신라시대의 기와무지가 발견되었다. 탑신부는 탑신과 옥개석이 모두 몇 장의 돌로 구성되어 있는데, 1층 탑신은 8개의 돌로 이루어져 있다. 2층은 4개의 돌로 짜맞추었으며, 3층 이상은 2개씩의 돌로 되어 있다. 옥개석이 매우 넓은데, 받침과 지붕이 각각 다른 돌로 되어 있다. 받침은 각층 3단으로 4개씩의 돌로 짜여 있으나 돌의 크기는 일정하지 않다. 추녀는 얇고 경사가 완만하다. 상륜부에는 노반·복발· 앙화, 그리고 부서진 보륜 1개가 남아 있다. 국보 제289호로 지정되어 있다.

『금강반야바라밀경』 | 반야(般若)를 본체로 삼고, 제법(諸法)의 공(空)과 무아(無我)의 이치를 금강의 견실함에 비유하여 설법한 경전. 『금강경』, 혹은 『금강반야경』이라고도 한다. 402년에 중국 요진(姚秦)의 구마라집(鳩摩羅什)이 처음 번역하였고, 그 밖에 5종의 번역이 있다. 예로부터 매우 중시되어 이 경전에 대한 강설이 많이 이루어졌으며 특히 선종에서 중요하게 여겨졌다.

14 포항 법광사 삼층석탑 사리장엄

9세기 신라의 정치상황과도 연관된 사리봉안이다

통일신라 846년
납석제 사리호 높이 4.3cm
청동 사리호 높이 7.5cm
국립경주박물관 소장

경상북도 포항시에 위치한 법광사(法廣寺)는 신라 진평왕 때 왕명으로 창건된 고찰로, 당시 건물의 규모가 총 525칸이나 될 정도로 아주 큰 절이었다. 법광사 사리장엄은 이곳의 삼층석탑 안에서 발견되었다.
이 사리장엄은 1968년 8월 탑이 도굴되면서 세상에 알려지게 되었다. 도굴된 직후 도굴범이 곧 붙잡혔고, 그들이 훔친 사리호 2개와 탑지석(塔誌石) 2매를 되찾게 됨으로써 공개된 것이다. 탑지석이란 탑을 세운 인연과 발원자 등을 적은 글로, 중국과는 달리 우리나라에서 사리장엄에 포함되는 것은 드문 경우이다. 탑지석의 내용을 보면 828년(흥덕왕 3) 탑을 세우고 846년 (문성왕 8) 지금의 위치로 이건되었는데, 당시 왕실의 지원 사실이 암시되어 있다. 또한 훗날 희강왕(僖康王)에 오르는 김균정(金均貞, ?~836)이 주요 시주자를 뜻하는 사단월 (寺檀越)이었다는 내용은 대구 팔공산 동화사 삼층석탑에 민애왕이 발원한 사리장엄이 있었던 것과 비교해서 무척 흥미롭다. 왜냐하면 동화사는 왕위를 놓고 김균정과 대적하였던 민애왕(敏哀王, ?~839)의 원찰이었기 때문이다. 말하자면 당시의 정치적 라이벌 두 사람을 위한 사리장엄이 법광사와 동화사에 각각 봉안되었던 것이다.
사리호는 청동제와 납석제 각 1개씩인데, 특히 납석제 사리호

법광사 삼층석탑 탑지석. 사리기와 함께 수습된 탑지석 2매이다. 오른쪽의 커다란 것은 부드러운 연질의 회흑색 납석제이다. 형태를 보면 일부가 손상된 직사각형 비좌(碑座) 위에 비신이 있고 그 위를 우진각 지붕 형태의 뚜껑이 덮고 있다. 이 탑지석은 건탑과 동시에 조성된 것이 아니고, 18년 뒤인 846년 (문성왕 8)에 탑을 옮기며 수리할 때 당시 왕실의 원찰로 중건되면서 사리와 더불어 봉안된 것으로 보인다.

안에는 사리 8립이 들어 있었다. 둘 다 형태가 둥그스름하여 인도 초기 사리장엄구로 유행하였던 공 모양의 원구형 사리기의 영향을 느낀다. 납석제 사리호는 겉면에 먹으로 쓴 크기 약 1cm의 '불정존승다라니'(佛頂尊勝陀羅尼)라는 글씨가 4행으로 적혀 있는데, 서체가 온후하며 묵흔(墨痕)도 비교적 선명하다. 전체 양식으로 보아 신라 하대에 제작된 것으로 보인다.

청동제 사리호는 뚜껑이 있으며 크기는 비록 자그마하지만 사리를 직접 봉안한 사리기를 안에 넣을 만한 크기는 충분하여 이것을 사리외함으로 볼 수 있을 듯하다. 이 청동제 사리호는 양식으로 볼 때 경상북도 봉화군 서동리 삼층석탑 출토 납석제 사리호에 바로 앞서는 양식으로 생각되며, 9세기 말~10세기 초에 나타나는

법광사 삼층석탑 사리호. 사진 왼쪽은 납석제 사리호로 주둥이 일부가 파손되었지만 전체적으로 원구형 사리기 형태를 잘 간직하고 있다. 청동제 사리호는 뚜껑이 있으며 밑에 굽이 달려 있는데 형태가 단정하고 깔끔하여 그 자체로도 우수한 청동기에 속한다.

이른바 복발형탑 사리기와도 관련 있는 양식으로 추정된다. 이상에서 본 바와 같이 법광사 사리구는 희귀하게도 기록물이 들어 있어 종교적인 발원도 발원이거니와 당시의 문화와 역사를 풀 수 있는 역할을 한다는 점에서 매우 중요한 유물이다.

법광사 | 포항시 신광면 상읍리 비학산에 자리하며 법광사(法光寺)라고도 한다. 원효가 왕명에 따라 창건하였으며 창건 당시 대웅전과 2층 금당, 향화전(香火殿) 등 525칸의 커다란 규모였다고 한다. 828년(흥덕왕 3) 7월 향조(香照)와 원적(元寂)이 불사리탑을 세우고 사리 22과를 봉안하였으며, 846년(문성왕 8)에 이 절로 탑을 옮겼다. 1746년(영조 22) 명옥(明玉) 등이 탑을 중수하려고 헐었을 때 맨 아래층에서 옥으로 만든 함 속에 22과의 진신사리가 들어 있음을 발견하고 다시 동함을 만들어 사리를 탑 2층에 봉안하였으며, 그 해 가을에 탑 앞에다 법당을 짓고 금강계단이라 하였다. 1887년 사리탑을 다시 중수할 때 1750년에 건립한 사리탑중수기가 발견되었다.

김균정 | ?~836(희강왕 1). 신라 하대의 왕족으로 제38대 원성왕의 손자이며, 예영태자(禮英太子)의 아들이다. 처음에 진교부인(眞矯夫人 또는 貞矯)과 혼인하고 뒤에 사촌형인 김충공의 딸 조명부인(照明夫人 또는 昕明夫人)과 혼인하였다. 진교부인과의 사이에서 제45대 신무왕을 낳고, 조명부인과의 사이에서 제47대 헌안왕을 낳았다. 802년(애장왕 3) 대아찬이 되었으며, 812년(헌덕왕 4) 시중으로 승진했다가 814년 8월 김헌창(金憲昌)과 교체되었다. 822년 3월 웅천주도독이던

법광사 삼층석탑

김헌창이 반란을 일으키자 김웅원(金雄元), 자신의 아들 김우징(金祐徵)과 함께
반란을 진압하였다. 828년(흥덕왕 3) 일가의 원찰인 법광사에 삼층석탑을 건립하였다.
835년 상대등이 되었으며, 이듬해 12월 흥덕왕이 아들 없이 죽자 김우징과 조카
김예징(金禮徵), 김양 등의 추대를 받아 나중에 김제륭(金悌隆)의 후원으로 민애왕이
되는 김명(金明)과 왕위 경쟁을 벌였다. 궁궐 안에서 격전을 벌이던 중 나중에
희강왕이 되는 김제륭에게 패배해 살해되었다. 뒤에 아들 김우징이 왕위에 오르자
성덕대왕(成德大王)으로 추존되었다.

15 동화사 비로암 삼층석탑 사리장엄

납석제 사리함에 흑칠을 하여 글씨가 잘 보인다

통일신라 863년
납석제 사리호 높이 8.5cm
금동 판 가로 15.3cm, 세로 14.2cm
동국대학교박물관 소장

1967년 11월 대구광역시 동구 팔공산 동화사(桐華寺) 비로암(毘盧庵) 앞에 있는 삼층석탑을 해체 수리하던 중 발견된 사리장엄이다. 제1탑신 중앙에 마련된 네모진 사리공 안에 모셔져 있었으며 그 이외의 곳에서 발견된 유물은 없다. 사리공 중앙에는 충해로 인하여 퇴색한 붉은 섬유가 덮여 있고, 그것을 들어낸 바닥에는 금동 판이 깔려 있었다. 서북쪽 모서리에는 작은 목탑 3기가 넘어져 있어 이미 도굴당했음을 보여주었다.
발견 당시 납석제 항아리와 이 안에 금동 사방불함이 들어 있었다. 이 항아리는 완전한 형태가 아니라 크고 작은 4개의 조각으로 깨져 있었고 뚜껑도 없었다. 항아리 안팎을 둥글게 깎고 표면에 흑칠(黑漆)을 한 것이 특히 눈길을 끈다. 또한 앞면에 선각으로 구획을 만들고 거기에 음각으로 가득히 글씨를 새겼다. 칠을 하여 표면을 검게 만든 것은 이렇게 새긴 글씨를 더 잘 보이도록 하기 위한 것으로 추측된다. 아마도 현재 전하는 문화재 가운데 이처럼 석제에 칠을 한 공예품은 오직 이것뿐으로 생각된다.
명문 가운데 판독되는 문자는 모두 196자이며, 전혀 판독할 수 없는 것은 27자에 달한다. 글의 내용은 신라 제48대 경문왕(景文王, 861~875)이 민애대왕(敏哀大王)을 위하여 석탑을 만들었다는 등의 이야기이다. 민애대왕은 곧 신라 제44대 임금 민애왕(재위 838~839)을 말하는데, 이로 인해 이 사리장엄을 일명

동화사 비로암 삼층석탑. 1967년 해체 수리 중 초층 탑신 중앙에 마련된 사각형 사리공 안에서 사리장엄을 발견하였다.

민애대왕 사리호라고도 부른다.
사리호 밑에 있던 금동 판은 모두 4매로 각각 분리된다. 전부 거의 같은 크기로 도금이 찬란한 면에 같은 모양의 삼존상을 가득히 선각으로 배치하였는데 주존은 좌상이며 그 좌우의 보살상 각 1구는 모두 합장한 입상들이다.
이 사리장엄은 겉면에 새겨진 명문을 통해 9세기 후반이라는 봉안연대가 거의 확실하므로 당시 사리장엄 양식의 기준작이

되는데다가 민애왕의 행적이 적혀 있어 사료적 의의도 크다. 또한 함께 봉안된 금동판에 새긴 불상은 9세기 불상의 중요한 자료이다. 다만 도굴로 인해 다른 사리장엄은 알 수가 없고, 사리호 안에 봉안했을 불사리 역시 전하지 않아 매우 아쉽다.

동화사 비로암 삼층석탑 납석제 사리호. 주둥이가 넓고 어깨가 둥그스름한데, 이러한 형태는 법광사 삼층석탑, 축서사 삼층석탑에서 출토된 사리호와 비슷하여 9세기 신라에서 유행하던 양식임을 알 수 있다.

동화사 비로암 삼층석탑 소탑. 사리호 등과 함께 나온 소탑으로 모두 삼층석탑이다. 본래는 다라니신앙에 따라 77기 또는 99기가 봉안되었을 터인데 1966년의 도굴 때 대부분 도난당하고 지금은 단 3기만 남아 있다.

동화사 | 493년(소지왕 15) 극달(極達)이 창건하여 유가사(瑜伽寺)라 하였다. 832년(흥덕왕 7) 심지(心地)가 중창하였는데, 그때가 겨울철임에도 절 주위에 오동나무꽃이 만발하였으므로 동화사로 고쳐 불렀다. 그런데 극달의 창건연대인 493년은 신라가 불교를 공인하기 이전의 시기이므로 공인되기 전에 법상종(法相宗)의 성격을 띤 유가사라는 사명(寺名)이 붙여졌을 까닭이 없다는 이유로 심지가 창건한 것이 아닌가 하는 주장도 많다. 동화사 입구에 있는 마애불좌상과 비로전의 비로자나불좌상은 통일신라시대에 성행하였던 대좌와 광배를 갖춘 불상으로, 심지가 조성한 것이다.

민애왕 | 817(헌덕왕 9)~839. 신라 제44대왕. 재위 838~839년. 이름은 김명(金明)이며, 아버지는 뒤에 선강대왕(宣康大王)으로 봉해진 충공(忠恭), 어머니는 선의태후(宣懿太后)로 봉해진 귀보부인(貴寶夫人) 박씨(朴氏)이다. 흥덕왕이 죽자 그 사촌 동생인 김균정과 김제륭이 서로 왕위를 다투게 되었다. 이때 김명은 김제륭을 받들고, 김우징·김예징·김양 등은 김균정을 받들어 양측이 궁궐에서 서로 싸우게 되었다. 이 싸움에서 이긴 김제륭이 희강왕으로 즉위했으나, 불만을 가진 김명이 다시 난을 일으켜 왕위에 올라 민애왕이 되었다. 그러나 838년 패배 후 청해진에 의탁하고 있던 김우징 등이 장보고의 군사 5천 명을 이끌고 공격해와 그들에게 살해되었다. 현재 경주에 민애왕릉이라고 전해 오는 왕릉이 있다.

16 봉화 축서사 삼층석탑 사리호

계단과 사리봉안과의 관련성이 엿보이는 중요한 자료이다

통일신라 867년
납석제 사리호 높이 10.0cm
국립중앙박물관 소장

경상북도 봉화군 물야면 개단리에 있는 축서사(鷲棲寺) 삼층석탑에서 발견된 납석제 사리호다. 어느 때인가 탑이 열려 이 사리장엄이 따로 절에 보관되어오다가 1929년 일본인에 의해 매입되어 다시 조선총독부박물관에 매각되었다. 본래는 사리호 외에 다른 여러 장엄구 및 공양품이 있었을 텐데 그러한 것은 하나도 전하지 않는 것이 아쉽다. 사리호의 모습은 어깨가 부른 단지 형태로, 자그마한 뚜껑이 덮여 있다. 특히 탑지(塔誌)를 대신하여 몸체에 명문이 새겨져 탑과 사리가 봉안된 연유 등을 알 수 있다. 명문은 다음과 같은 내용이다.

> 함통 8년(867)에 승려 언부(彥傅)가 이찬 김양종(金亮宗)의 둘째딸인 어머니 명단(明端)을 위해 석공 신노(神孥)로 하여금 석탑을 세워 불사리 10과를 봉안하였으며, 황룡사의 승려 여구(侶炬)로 하여금 무구정단(無垢淨壇)을 만들게 하였다.

'무구정단'이라 함은 곧 『무구정광대다라니경』에 기초한 다라니신앙을 짐작케 한다. 이 말은 당시 계단(戒壇)과 사리탑이 이미 밀접한 관계에 있었음을 말해주는 듯하다. 본래 계단이란 절에서 승려들에게 계(戒)를 수여하는 장소로서 사리탑과는 엄연히 다른 것이지만, 경상남도 양산 통도사 계단에서 보듯이 계단에는 으레 불사리가 봉안되므로 후대에 와서는 계단을 곧 사리탑이라

축서사 삼층석탑
납석제 사리호.
뚜껑이 있고 주둥이가
넓으며 어깨가 부른
기형인데, 이러한 모습은
9세기에 유행하였다.
함체에 뚫린 구멍은
사리호 제작 이후에 생긴
것이 분명하지만, 정확한
용도를 알 수 없다.

불렀던 것이다. 그리고 명문에 보이는 발원자 언부의 외할아버지 이찬 김양종은 810년 무렵 시중(侍中) 벼슬을 지낸 바 있다. 이 사리호는 몸체에 새겨진 명문을 통해 867년이라는 조성연대를 확실히 알 수 있으므로 9세기 중후반 당시 사리기의 표준작이 된다는 점에서 매우 중요하다. 게다가 왕실이 아닌 개인 발원으로서 발원자의 가계(家系)가 보인다는 점, 계단과 사리 봉안과의 관련성이 엿보인다는 점에서도 매우 중요한 자료이다.

축서사 삼층석탑

축서사 | 673년(문무왕 13) 의상이 창건했다. 당시 인근에 있던 지림사(智林寺)의 주지가 어느 날 밤 산쪽에서 서광이 일어나는 것을 보고는 의상에게 말하여 함께 산에 올라가 보니 비로자나불이 광채를 발산하고 있었다. 그래서 의상이 이곳에 축서사를 짓고 이 불상을 모셨다고 한다. 867년(경문왕 7) 불사리 10과를 얻어 삼층석탑을 세웠는데, 현재 기단부 하대, 3층 옥신과 옥개석, 상륜부가 없어졌다.

김양종 | 신라 하대의 재상. 경력은 잘 알 수 없으나, 810년(헌덕왕 2) 정월 파진찬의 관등으로 집사부 시중이 되었다가 이듬해 정월 신병으로 물러났다. 그런데 축서사 삼층석탑 사리호의 명문에 의하여 시중을 역임한 뒤 이찬의 관등에까지 오른 것을 짐작할 수 있다.

또한 『삼국유사』에 호화주택인 이른바 금입택(金入宅) 가운데 '김양종택'이 보여 김양종의 집을 가리키는 것으로 볼 수 있다. 이와 같은 여러 가지 사실로 미루어볼 때 김양종은 신라 하대 진골귀족 가운데 매우 유력한 인물이었던 것 같다.

17 장흥 보림사 남북 삼층석탑 사리장엄

9세기에 사리 7과를 봉안했다는 탑지석 2매가 나왔다

통일신라 870년
놋쇠 사리외합 입지름 10.3cm
납석제 사리호 높이 2.8cm
국립광주박물관 소장

1934년 전라남도 장흥 보림사(寶林寺)에 남북으로 나란히 서 있는 통일신라시대의 삼층석탑을 보수하던 중 초층옥신 상면 중앙에 마련된 사리공(舍利孔)에서 사리장엄이 발견되었다. 물론 이때는 일제강점기라 해체 수리에 관한 조사보고서는 전혀 나오지 않았다. 그 당시는 일제 식민지 치하라서 일본인 학자가 주관하는 학술조사라 하더라도 보고서가 나온 경우는 매우 드물고, 대체로 유물만 수습될 뿐이었다. 그리고 그렇게 수습된 유물은 거의 다 일본으로 반출되고 말았다. 말이 학술조사이지 실제로는 마구잡이식 보물 탐색이라고 해도 지나치지 않았다. 따라서 보고서는 그만두고 이 보림사 남북 삼층석탑 사리장엄처럼 유물만이라도 국내에 온전히 전하는 것은 그나마 다행스러운 일이었다.
사리장엄으로는 납석제 사리호, 놋쇠 합 3개, 백자 접시, 그리고 동서 양탑에서 각각 탑지석 1매씩이 나왔다. 이 가운데 통일신라시대 유물은 사리호와 탑지석이고 나머지는 조선시대에 탑을 중수할 때 봉안한 것이다.
납석제 사리호는 매우 작은 크기로 뚜껑이 덮였으며 봉화 축서사 삼층석탑 사리호, 대구 동화사 탑 사리호, 봉화 서동리 동 삼층석탑 사리호 등과 형태가 매우 비슷하다. 이 안에 사리 4과가 봉안되어 있었고, 사리호 주위에는 직사각형으로 잘린 향나무 조각과

보림사 내경

가사(袈裟) 조각이 놓여 있었다.
탑지석은 2매로 하나는 주사위같이 정육면체이고 다른 하나는
전돌같이 직육면체를 하고 있다.
두 탑지석의 내용을 이어서 읽어보면 870년에 탑을 세운 뒤
891년에 사리 7과를 봉안하였다는 말이 있다. 그런데 다른 면에는
조선시대에 들어와 탑을 수리했다는 내용을 새겼다. 이것은
통일신라시대에 조성한 탑지석에다가 1478년 · 1535년 · 1684년에
각각 탑을 수리하면서 덧새긴 것인데, 이러한 것을
추각(追刻)이라고 한다.
놋쇠 합은 모두 3개인데 뚜껑이 있으며 크기 순서대로 겹쳐지게
되어 있다. 그러나 이 합들은 전부 조선시대에 봉안한 것이므로
납석제 사리호와는 직접적인 관계가 없다. 3개 모두 형태가
비슷한데 가장 작은 합에만 굽이 달려 있다.

보림사 삼층석탑 사리장엄 일괄. 사진 위 왼쪽에서부터 시계 방향으로 백자 접시, 정사각형 및 직사각형 탑지석 2매, 놋쇠 사리합 3개, 사리가 봉안된 납석제 소형 사리호, 그리고 향나무 조각 등이다.

백자 접시는 15~16세기의 것으로 구연부 일부가 파손된 채 발견되었다.

보림사와 삼층석탑 | 신라 선문구산(禪門九山) 중에서 제일 먼저 개산(開山)한 가지산파(迦智山派)의 중심 사찰로, 가지산파의 법맥을 이어받은 체징(體澄)에 의하여 창건되었다. 860년 체징은 신라 헌안왕의 권유로 대찰을 창건하여 가지산파의 중심사찰로 발전시켰다.

남북으로 나란히 놓인 삼층석탑은 통일신라시대의 석탑으로 국보 제44호로 지정되어 있으며, 그 사이에 같은 시기에 조성한 석등 1기가 있다. 석탑의 구조는 2층의 기단 위에 3층 탑신을 세우고 그 위에 상륜을 얹은 신라 전형양식의 석탑이다. 특히 상륜부는 양쪽 탑이 모두 완전하여 노반(露盤)·복발(覆鉢)·앙화(仰花)·보륜(寶輪)·보개(寶蓋)·보주(寶珠)의 차례대로 갖추고 있는데, 앙화까지는 양쪽 탑이 같은 양식수법이나 보륜은 남탑에는 삼륜(三輪), 북탑에는 오륜(五輪)이 장식되어 있다. 이처럼 상륜이 완전하게 남아 있는 것은 퍽 드문 예로서 귀한 자료로 주목된다. 탑의 양쪽 앞에는 각기 1좌의 배례석(拜禮石)이 놓였다.

이 탑은 탑 속에서 발견된 탑지에 의하여 확실한 건탑연대를 알 수 있어 다른 석탑의 건립연대를 추정하는 데 하나의 기준이 되는 귀중한 자료라고 할 수 있다.

18 경주 황룡사지 구층목탑 찰주본기

이 찰주본기는 사리외함인 동시에 탑지석 역할도 한다

신라 872년
가로 22.5cm, 세로 23.4cm
국립경주박물관 소장

경주 황룡사(皇龍寺)의 구층목탑은 황룡사의 장륙존상, 진평왕의
천사옥대와 함께 이른바 신라 삼보(三寶) 가운데 하나로,
645년(선덕여왕 14)에 왕명으로 자장율사가 절과 함께 세웠다.
건립 이후 여러 차례 중수를 거쳤는데 고려시대에 들어와 몽고군에
의해 황룡사와 더불어 전소되어 아쉽기 짝이 없다. 이후로
구층목탑은 중건되지 못하였고, 황룡사도 오랜 세월 동안 폐허로
남은 채 이곳을 지나는 시인묵객의 시문 속에 한탄만을 남겼을
뿐이다. 근세에 들어와 황룡사지와 구층목탑지에는 민가가
들어서고 논으로 경작되기도 하였다. 하지만 어떻게 보면
그 덕분에 심초석에 진장(珍藏)되었던 사리장엄이 노출되지 않고
보존될 수 있었다고도 할 수 있다.
1964년 정부에서 황룡사지 정비 사업을 펼쳤는데, 민가가 철거된
이후 12월 17일 새벽 담장 밑에 깔려 있던 심초석 위의 거대한
바위가 들리고 그 안에 있던 사리장엄이 도굴되는 사건이
발생했다. 다행히 1966년 9월 6일 도굴꾼 일당을 일망타진하여
찰주본기(刹柱本記)를 비롯한 사리장엄구를 회수할 수 있었다.
하마터면 몽고 군대에 짓밟힌 황룡사의 사리장엄마저도 같은
민족에 의해 해외로 유출될 뻔하였다. 그러나 회수된 사리장엄
가운데 일부는 이미 파손되어버렸고, 나머지 것 가운데서도
황룡사가 아닌 다른 곳의 사리장엄이 섞여 있는 것으로 판단되어
어쨌든 신라 최고의 사리장엄이 훼손되었음은 어쩔 수 없는

황룡사 구층목탑지에서 출토된 찰주본기. 1964년 12월에 황룡사 목탑지 심초석에서 도굴되어 민간인의 손에 들어갔다가 그 뒤에 회수되었다. 872년(경문왕 12) 구층목탑을 중수할 때의 과정과 관계 인명이 자세하게 기록되어 있는 신라 금석문의 중요한 자료이다.

사실이 되었다.

이 찰주본기는 사리외함인 동시에 겉면에 황룡사 목탑을 세운 배경과 그 일에 관여했던 인물들, 그리고 사리장엄의 내용 등을 적어놓아 일종의 탑지석 역할을 하고 있다. 이 찰주본기는 가로 23.4cm, 세로 22.5cm의 금동판 여러 매를 서로 연결하여 만들었는데, 그 바깥 옆면과 정면에 좌우 2구씩의 금강역사상을 선각하였고, 나머지 3면에는 쌍구체로 된 글씨가 적혀 있다. 명문의 내용은 871년(경문왕 11)에 탑이 동북쪽으로 기울어져 수리하였는데, 이때 소탑(小塔) 99기와 불사리 1매, 그리고 『다라니경』을 넣어 상륜부에 안치한 것을 발견하였다고 한다. 또한 명문에는 구층목탑을 세우게 된 과정과 탑의 높이를 적어놓았는데, 높이 225척으로, 『삼국유사』의 기록과 정확히 일치한다.

결국 황룡사 구층목탑 찰주본기는 구층목탑에 대한 자세한 기록과 함께 신라시대 사리장엄의 한 법식을 구체적으로 알 수 있는 귀중한 자료로 평가된다.

찰주본기 | 구층목탑을 건립한 인연과 과정, 관계인명, 직책 등을 자세히 적은 일종의 보고서인 셈이다. 보통 이러한 글은 종이나 비단에 먹글씨로 쓰게 마련인데, 여기에서는 금동판에 글씨를 새긴 것이 특이하다. 글씨는 윤곽선만 나타내는 이른바 쌍구체(雙鉤體)로 표현하였다.

19 도리사 석탑 사리장엄

사천왕상과 보살상이 부조되어 있는 다각당형 사리기이다.

신라 말 고려 초 9~10세기
금동 육각당형 사리기 높이 17.0cm, 바닥 지름 9.8cm
직지사 성보박물관 소장

1977년 4월 경상북도 구미시 해평면에 자리한 도리사(桃李寺) 경내에 있던 조선시대의 석종형 부도를 옮기는 공사 도중에 발견되었다. 이 부도는 정확히 누구의 것인지 알려지지 않고 다만 세존사리탑으로 불러왔는데, 기단부에 마련된 육각형의 사리공에서 백자편과 함께 사리기가 발견된 것이다. 사리기 안에 사리병은 없고 대신 사리를 쌌던 비단과 종이들이 엉켜 있었다. 형태는 육각형으로 전형적인 당형(堂形)이며, 전체적으로 기단부·함체·옥개의 세 부분으로 구성되었다. 육각형의 옥개는 함체와

도리사 금강계단

도리사 다각당형 금동 사리기. 육각형의 함체에는 사천왕상과 보살상 2위가 새겨져 있는데, 감은사 사리외함과 나원리 삼층석탑 사리기에 표현된 사천왕상보다는 훨씬 퇴화되어 있어 10세기 이전의 작품이라고 보기 어렵다. 함체 위에 얹힌 옥개에는 기왓골이 표시되어 있지 않아 이 역시 매우 형식화되어 있는데, 다만 각 면 모서리에 귀꽃이 장식된 것은 전통적 기법을 계승한 것으로 보인다.

분리되어 사리기의 뚜껑을 겸하는데, 각 우동(隅棟)의 끝에 삼엽형(三葉形) 귀꽃이 있으나 발견 당시 하나가 없어졌고 다섯 개만 남아 있었다. 육각의 함체에는 보살상 2위, 사천왕상 4위가 선각되어 있다. 함체에 연결된 기단에는 안상이 있는데, 이것은 보각형 사리기 기단부의 영향을 받은 것이며, 함체 6면에 보살상·사천왕상이 장식된 것 역시 감은사 사리기 등과 같은 보각형 사리기에서 그 유례를 찾을 수 있다. 조성연대를 7세기로 올려보는 시각이 있으나 사천왕상의 표현 기법 등으로 볼 때 10세기까지

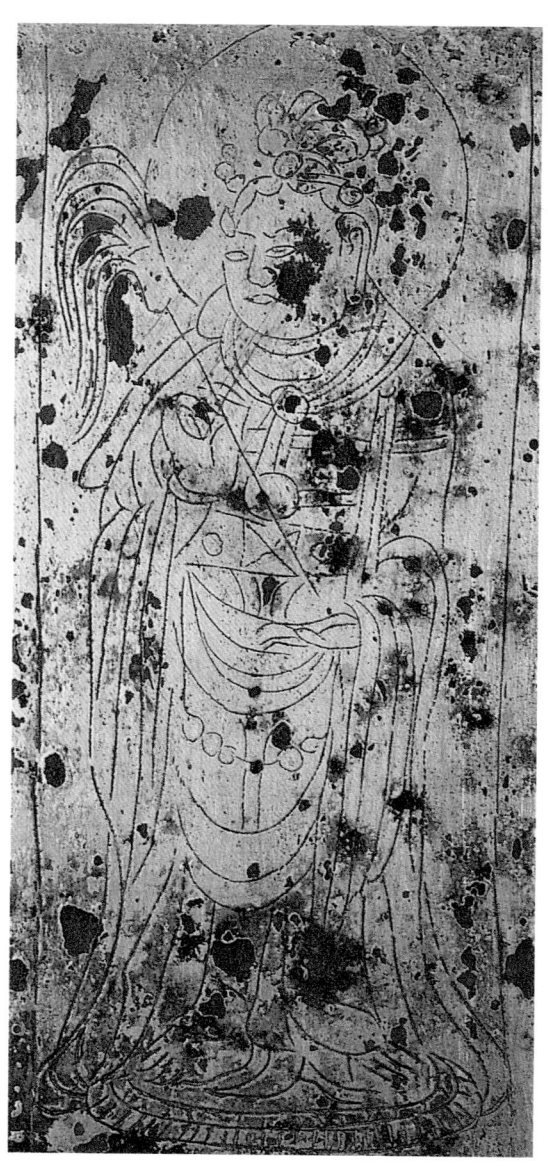 

도리사 사리기 겉면에 조각된 사천왕상.
육각형 사리기의 6면에는 사천왕상
4위와 보살상 2위가 각각 새겨져 있다.
이 조각 등은 선각이 간결하면서도
유려해 우수한 기법을 보이고 있다.
7세기의 기법이라기보다는 9세기
무렵의 작풍(作風)을 띠고 있는 듯하다.

내려갈 수 있다.

한편, 이 도리사 사리함에 대한 언급이 『해봉집』(海峰集) 「석옹기」(石甕記)에 수록되어 있다는 내용이 1929년에 편찬된 「도리사사적기」에 인용되어 있다. 지금까지 사람들은 『해봉집』을 광해군대의 문신인 해봉 홍명원(洪命元, 1573~1623)의 저술로 생각하였으나 정작 『해봉집』에는 그러한 내용이 없다. 그래서 사람들은 「도리사사적기」가 잘못 기술되어 있다고 생각했다. 최근 필자는 『해봉집』이 홍명원의 문집이 아니라 호은 유기 (好隱有璣, 1707~85)가 지은 『호은집』을 말하며, 「석옹기」 또한 「도리사석종기」를 가리킨다는 것을 확인하였다. 호은 유기는 법호를 해봉이라 하므로 「도리사사적기」를 지은 사람이 혼동하였던 것 같다. 그것을 읽어보면 1710년대에 석적사(石積寺)의 고탑 아래에서 금함(金函)이 발견되어 도리사에 헌납되었고, 그로부터 30여 년이 지나 석종, 곧 부도탑을 조성하면서 금함을 재봉안하였다는 내용이 기록되어 있다.

도리사 | 정확한 창건연대는 알 수 없으나 신라 최초의 사찰이라고 전한다. 고구려의 아도(阿道)가 신라에 불교를 전파하기 위하여 서라벌에 갔다가 돌아오는 길에, 겨울인데도 복숭아꽃과 오얏꽃이 만발하여 있음을 보고 이곳에 절을 짓고 도리사라 하였다. 처음의 절터는 태조산 기슭에 있는 옛 절터로 보고 있으며, 지금의 절이 있는 곳은 금당암(金堂庵)이 있었던 곳이다. 지금의 자리로 옮긴 것은 1677년(숙종 3)의 화재로 대웅전을 비롯한 모든 건물이 불타버린 뒤이며, 1729년(영조 5) 대인(大仁)이 아미타불상을 개금하여 금당암으로 옮겨 봉안하고 금당암을 도리사로 개칭하였다. 세존사리탑에서 발견된 사리는 무색투명하고 둥근 콩알 크기의 큰 사리로 우리나라에서 발견된 것 중 가장 가치 있는 사리로 평가되고 있다.

귀꽃 | 탑이나 석등, 그리고 부도 등의 석조물에 장식되는 꽃 모양의 조각을 말한다. 석탑과 석등에서는 주로 옥개석과 기단부의 각 모서리에 장식되므로 귀꽃이라고 한다. 사리장엄에서는 감은사 동탑 사리내함의 기단부 네 모서리에도 귀꽃이 장식되어 있는데, 우리나라의 모든 조형물을 통틀어 귀꽃 장식 가운데 가장 오래된 것이기도 하다.

20 경주 동천동 출토 청동 사리함

불국사 삼층석탑 사리기의 양식을 충실히 이어받은 상자형 사리기이다

통일신라 9~10세기
청동 상자형 사리함 높이 7.3cm
국립경주박물관 소장

1964년 7월에 경상북도 경주시 동천동 약산(藥山) 중턱에서 한 노인에 의해 우연히 발견되었다. 여느 사리장엄과는 달리 탑에서 발견된 것이 아니라 지하에 묻힌 화강암 석함 속에 들어 있었다. 석함은 윗면 너비 40cm의 사각형인데, 그 중앙에 가로 20cm, 깊이 10.5cm의 구멍이 있고, 아랫부분은 줄어들어 한 변이 15cm이다. 석함 안에 청동 사리함이 들어 있었는데, 발견자의 말에 따르면 그 안에 콩알만한 크기의 둥근 물체가 있어 손으로 만지자 부서지면서 흰 가루가 되어 없어졌다고 한다. 그것이 무엇인지 확인하기는 어렵지만 정황으로 보아서 일단은 사리로 추정된다. 하지만 사리라는 것은 경도(硬度)가 비교적 높은 편이라 만진다고 쉽게 부서지지는 않으므로 과연 그것이 사리였는지 의심스럽지 않은 것은 아니다. 그렇지만 혹시 불사리가 아닌 고승의 승사리 (僧舍利)라고 한다면, 인골은 어느 정도 시간이 흐르면 삭게 되므로 그럴 수도 있다고 생각된다. 이러한 추정이 가능하다면 이 경주 동천리 사리함은 승사리를 위한 사리장엄의 몇 안 되는 예로서 중요하게 취급되어야 한다. 그 밖에 함 안에서 흙과 함께 사람의 뼛조각이 발견되었으므로 이러한 추측을 뒷받침한다고 볼 수 있다. 청동 사리함의 양식을 살펴보면, 불국사 삼층석탑 사리함의 양식을 충실히 이어받은 상자형 사리기로 비록 그만한 우수작은 아니지만 나름대로 단정하고 깔끔한 형태를 보여준다. 함의 윗부분은 뚜껑을 닫으면 몸체와 꼭 맞게 되도록 하였는데, 이러한 것을 이른바

경주 동천동 출토 상자형 사리기. 함체 네 면에는 각각 사천왕상을 음각으로 새겨넣었는데, 감은사나 나원리 석탑 사리함에 비하여 세부 모습이 정밀하지 못하고 형식적이다. 이것은 그만큼 시대가 떨어지면서 기법이 거칠어진 탓도 있겠고, 무엇보다도 이 사리기 자체가 왕실 발원이 아닌 개인 발원으로 조성한 것이기 때문일 것이다.

인롱(印籠)이라고 한다. 뚜껑은 윗면이 2단으로 되어 있으며, 중앙의 보주형 꼭지를 중심으로 사각형 대 위에 화엽(花葉)의 중심을 두고, 그 사이에 또 한 잎씩을 둔 보상화문을 2단으로 배치하였다. 함 바깥 면에는 사방에 각각 매우 간략한 수법으로 사천왕상을 선각하였는데, 감은사 사리장엄을 비롯하여 전 남원 출토 사리기, 도리사 사리기 등에서도 이같은 사천왕상의 의장(意匠)을 볼 수 있다.

보상화문 | 장식 문양의 일종이다. 보상화라는 꽃이 실제로 있는 것은 아니고, 두 개의 팔메트(palmette) 잎을 안으로 향하게 하여 서로 대칭을 만들어 하나의 꽃잎을 이룬 상상 속의 꽃이다. 주로 불교 미술의 장식 문양으로 많이 사용되었지만 종교적 무늬가 아닌 단순한 장식 문양으로 보는 것이 옳다. 단독으로 표현되거나 혹은 연화문·인동문·당초문 등과 함께 베풀어지기도 하며, 연꽃의 꽃잎을 장식하기 위해 그 내부에 표현되기도 한다. 우리나라에서는 와당이나 벽돌, 불상의 대좌·광배, 그리고 부도·석등·범종·향완 등 모든 조형물에 널리 사용되었다.

21 문경 내화리 삼층석탑 사리장엄

이처럼 불상 광배에 물고기가 표현된 예는 극히 드물다

신라 말 고려 초 9~10세기
금동 팔각형 사리기 높이 7.9cm
은제 사리호 높이 3.1cm
금제 보살입상 높이 2.9cm
국립경주박물관 소장

경상북도 문경시 내화리 삼층석탑에서 출토되었다고 전하는 이 사리기는 일제강점기에 박물관에 소장된 것으로, 정확한 입수 경위는 알 수 없다. 나중에 내화리 삼층석탑을 조사한 결과 초층 탑신에서 가로 · 세로 길이 각 22cm, 깊이 13cm의 정사각형 사리공이 확인되었다. 출토 당시의 정확한 정황은 알 수 없으나, 팔각당형 금동 사리기 안에 은제 사리호와 금제 보살상이 들어 있던 것으로 생각된다.

이 금동 사리기는 전형적인 팔각당형(八角堂形)을 하고 있으며 전체적으로 대좌 · 함체 · 뚜껑 등의 부재로 구성되어 있지만 도리사 사리기에 비하여 형태가 매우 약화되었고, 몸체가 약간 둥그스름한 것이 특색이다. 특히 뚜껑부가 보각형 지붕이 아니라 보주형(寶珠形)으로 되어 있어 다각당형 사리기 가운데 가장 늦게 나타나는 퇴화 형식으로 보인다. 팔각형 몸체의 아랫부분은 1단으로 돌출대를 만들어 기단을 표현하였는데,
각 면에는 안상이 표현되어 있다. 이처럼 사리기에 나타난 안상은 시대적으로 볼 때 멀리 불국사 삼층석탑의 상자형 사리외함에 표현된 안상에서부터 가까이로는 구미 도리사 육각당형 사리기의 안상 등이 있어 이들과 비교해 볼 수 있다. 특히 이 내화리 삼층석탑 사리장엄과 비슷한 시기에 제작된 도리사 사리기와는 안상뿐만 아니라 전체적 기형에서도 서로 비슷한 면이 보이고 있어

문경 내화리 삼층석탑 팔각형 금동 사리기와 은제 사리호. 함체가 육각형인 것은 도리사와 이 내화리 삼층석탑 사리기 단 두 종류가 있다. 함체에 아무런 문양이 장식되어 있지 않은 점도 시대적 영향 탓으로 보인다.

상호 간의 영향 관계를 짐작해 볼 수 있다. 지리적으로 보더라도 문경과 구미는 그다지 멀리 떨어져 있지 않다.

통일신라를 지나 고려시대로 내려오면 이러한 양식의 사리기가 많이 나타나는데, 구(舊) 박종화(朴鍾和) 소장 사리기, 전(傳) 금강산(金剛山) 출토 사리기 등 여러 유례가 남아 있다. 은제 사리호는 주둥이 부분과 밑바닥이 바깥을 향해 휜 형태로 외반(外反)되어 있으며, 몸체는 거의 둥근 형태를 이룬다.

금제 보살상은 2.9cm의 소형이지만 두광과 연화대좌, 신체의 천의(天衣) 표현이 매우 정교하다. 특히 두광의

보살입상. 통일신라시대의 영향을 받아 허리가 가늘고 천의 자락이 비교적 섬세하게 표현되었다. 그러나 매우 간략한 둥근 원형 대좌에서는 고려적인 요소도 보인다.

머리 주위로 물고기 무늬가 있는 것이 다른 보살상에 비해 특징적인 부분이다. 불상 광배에 물고기가 표현된 예는 극히 드물다. 머리 끝부분이 마치 보주 형태처럼 뾰족하게 된 것도 통일신라시대의 불상과 다른 점이다. 이러한 점을 통해 볼 때 이 불상의 조성시기를 고려 초로 볼 수 있을 듯하다. 사리장엄으로 금제 불상이 발견된 예로는 경주 구황동 황복사 삼층석탑과 이 내화리 삼층석탑의 단 두 예만 알려져 있다.
보살상은 머리에 보관을 썼으며, 이목구비가 잘 표현되었다. 상체는 옷을 벗고 있으며 어깨에서부터 걸친 천의 자락이 발끝까지 흘러내리다가 무릎에서 U자형을 이룬다. 허리 부분을 매우 잘록하게 표현한 데서 보살을 여성으로 나타내려 하였던 작가의 의도가 읽힌다. 인도에서 발생한 최초의 보살상은 남성으로 표현되었다.

내화리 삼층석탑 | 통일신라시대의 석탑으로 높이 4.26m이며 보물 제51호로 지정되어 있다. 산골 깊숙이 넓은 평지에 건립되었는데 이 탑이 자리한 이름은 알 수 없고, 석탑 역시 일찍 무너졌던 것을 1960년 9월에 복원하였다. 절 부근에서 금동불상이 발견된 일이 있다고 한다. 탑의 구조는 단층기단에 3층을 기본으로 하였으나 이와 같은 단층기단은 이 지역에서 흔히 발견되고 있는 석탑과 형식을 같이한다. 기단의 구조가 신라 전형양식의 석탑과 다르며, 갑석의 굄 장식이 생략되는 등 시대적 차이점을 보이고 있다. 특히 3층 옥개석에 붙여서 제작한 노반의 구조는 그 뒤 전개되는 고려석탑과도 비교할 수 있다. 다시 말하면 통일신라의 석탑양식을 그대로 지니면서 지방적 특색을 보여주는 탑으로, 조성연대는 신라 하대로 추정된다.

22 봉화 서동리 동 삼층석탑 사리기

다라니경 신앙에 따라 99기 소탑을 봉안하였다

통일신라 9세기
납석제 사리호 높이 9.2cm, 입지름 5.1cm
녹색 유리 사리병 높이 3.9cm
토탑 높이 7.5cm
국립경주박물관 소장

1962년 경상북도 봉화군 서동리의 통일신라시대 동서 삼층석탑 해체 수리 때 동탑의 제1탑신에 마련된 사각형 사리공에서 활석(滑石) 사리호와 그 안에 봉안된 유리 사리병, 그리고 토탑(土塔) 등의 사리장엄이 발견되었다. 토탑은 소형의 삼층석탑으로 전부 99기가 봉안되었다. 토탑은

봉화 서동리 동 삼층석탑 사리기. 납석제 사리호와 녹유리 사리병이다. 사리호는 굽이 달린 풍만한 몸체에 주둥이가 위로 곧게 뻗어 있으며, 그 위에 뚜껑이 덮였다. 굽은 매우 짧은 대신 바닥에 닿는 바깥쪽 면이 위로 말려 있어 안정성을 고려했음을 알 수 있다. 고려 초에 이와 유사한 형태의 금속기가 유행하였다.

134

『무구정광대다라니경』의 신앙에 따라 봉안된 것이다.
사리호는 둥근 형태로 뚜껑이 덮여 있고 밑바닥에는 얕은 굽이 달려
있다. 몸체와 뚜껑에 줄이 둘렸으며 뚜껑에는 꼭지가 달려 있다.
재미있는 것은 이 사리호 안에 흙이 담겨 있었고 사리병이
있는데도 불구하고 사리병이 아닌 여기에서 사리 3과가
발견되었다는 점이다.
이 흙은 물론 보통 흙이 아니라 처음에 봉안된 무엇인가가 오랜
세월 동안 부식되어 변한 것으로 보인다. 이것은 무슨
이유에서인지는 모르지만 사리를 사리병에 넣지 않고 일부러
빼놓았기 때문인 듯하다. 실제로 사리병에 이전에 손댄 흔적이 있는
것으로 보아 아마도 통일신라시대에 처음 봉안된 이후 어느 때인가
탑의 수리를 위해 사리공이 한 차례 열렸던 것이 아닌가 생각된다.
유리 사리병은 병체와 마개가 똑같이 짙은 녹색을 띠고 있으며,

봉화 서동리 동 삼층석탑 사리장엄 중 소탑. 다라니신앙에 따라 소탑 99기가 봉안되었다. 탑의 형태는 단층 기단에 탑신과 옥개석을 갖추었고, 맨 위의 상륜부까지 표현되었는데 모두 파손 없이 완전한 모습이다. 탑의 기단이 단층인 점은 이 사리장엄이 고려 초에 이루어진 것이 아닌가 하는 추정을 하게 한다.

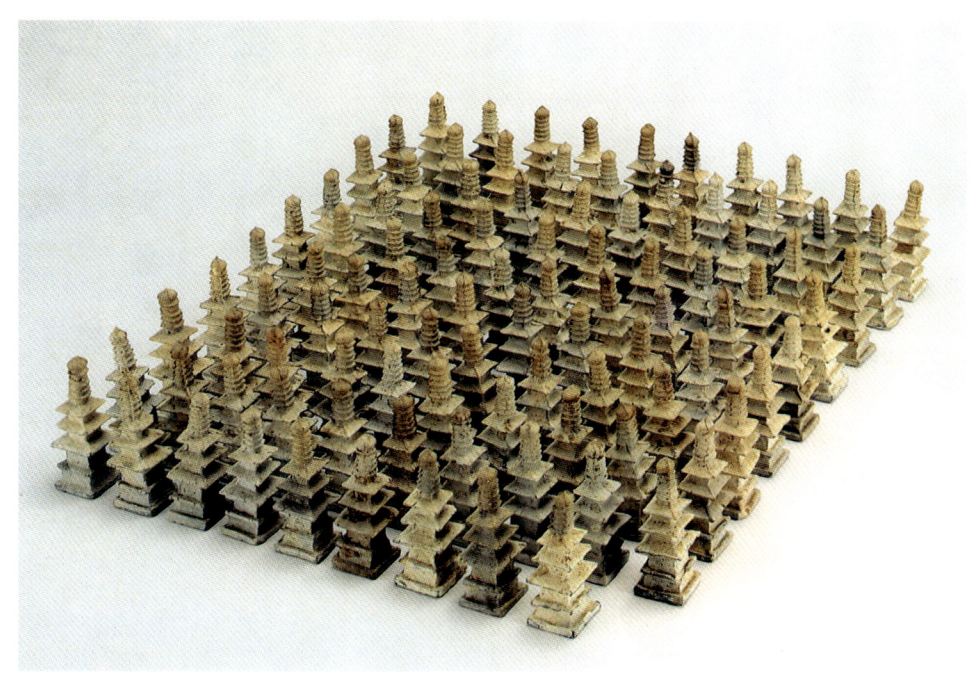

병체는 목이 짧고 배가 둥글게 부른 모습이다. 뚜껑 역시 유리제로 보주형인데 발견 당시 두 조각으로 쪼개져 있었고, 그 아래쪽에 철심(鐵心)이 산화된 채 매달려 있었다. 본래는 철심 아래에 기다랗고 끝이 뾰족한 나무심이 끼여 있었을 것으로 추정된다. 이것은 이른바 리벳형 마개로, 영양 삼지동 모전석탑 사리장엄과 남원 발견 사리장엄의 유리 사리병에서 보이는 것과 같았을 것이다. 사리병의 크기는 높이 3.4cm의 소형이며, 바닥은 둥글고, 발견 당시 이미 주둥이 주위에 약간의 파손이 있었다.
한편 이 봉화 서동리 유리 사리병은 863년(경문왕 3)에 조성한 대구 동화사 삼층석탑의 사리장엄 사리병과 매우 유사한 것으로 보아 9세기 중후반에 봉안한 것으로 추정된다.

서동리 삼층석탑 | 통일신라시대의 석탑으로 춘양중학교 교정 한쪽에 같은 규모와 양식을 가진 2기의 탑이 13.5m의 거리를 두고 동서로 마주 서 있다. 높이는 동탑 3.85m, 서탑 3.94m이며 보물 제52호로 지정되어 있다. 형식은 2층기단 위에 3층의 탑신을 층층이 쌓은 통일신라시대 석탑의 전형양식을 따르고 있다.
이 탑이 있는 근처에 절터를 확인할 만한 유물이 없어 소속 사찰이름을 알 수 없으나 금당 앞에 2기의 탑을 건립하는 쌍탑식 가람임은 틀림없다.
동탑에서 사리장엄이 원형대로 발견되었으나 서탑에는 제3층 옥신에 사리공이 있었고 그 바닥 중앙에 타원형의 홈이 패여 있음이 확인되었을 뿐 사리장엄은 없어졌다고 한다. 이 탑이 자리한 곳은 지금 교정으로 바뀌었지만 본래는 675년(문무왕 16)에 창건된 남화산(覽華寺)가 있었다고 전한다. 남화사는 6km 가량 떨어진 곳에 각화사가 창건되면서 폐사되었다고 한다.

23 청도 장연사지 동 삼층석탑 사리장엄

목제 사리합은 복발탑형이며 희귀하게도 표면에 금칠을 했다

통일신라 9세기
목제 금칠 사리합 높이 11.8cm
녹색 유리 사리병 높이 3.0cm
국립중앙박물관 소장

청도 장연사지 동 삼층석탑 사리합과 유리 사리병. 유일한 목제 사리기로 사리합 전체에 금칠을 한 것은 부식을 막기 위함과 동시에 사리기를 장엄하기 위한 것이다. 유리 사리병은 굽이 없고 몸체가 둥글며, 목이 매우 두껍고 길다.

1984년 경상북도 청도군 매전면 장연리의 장연사지(長淵寺址)에 동서로 나란히 서 있는 통일신라시대 삼층석탑 중 동탑의 해체 보수 때 초층 탑신석에 마련된 둥근 사리공에서 사리장엄이 발견되었다. 이 지역은 현재 사과밭 등으로 경작되고 있지만 일대에 통일신라시대의 기와 조각이 널리 흩어져 있어 통일신라시대의 절터였던 것을 알 수 있다. 또한 맞은편에 있는

청도 장연사지 동 삼층석탑

좁은 개울을 건너면 고성 이씨 문중의 재실인 사원재(思遠齋)가 있는데 여기에 고려 초의 당간지주 1기를 비롯하여 통일신라시대 석등 하대석, 수조(水槽) 등의 석조물이 있다. 따라서 이 부근까지 장연사의 경내였던 것으로 보인다.

장연사지 동서 삼층석탑은 양식이 거의 비슷하다. 서탑은 일찍이 무너져내린 것을 1979년 12월 본래의 자리에 복원하였고, 동탑은 1984년 12월에 해체 보수한 후 주위를 정비하였다.

사리장엄으로는 목제 금칠(金漆) 사리함과 녹색 유리 사리병이 나왔다.

목제 금칠 사리함 안에 녹색 유리 사리병이 들어 있는데, 사리함의 외면을 물레로 돌려깎아 전체 면을 고르게 하고 그 위에 금칠을 했다. 금칠은 현재 굽과 바닥 일부만 남아 있고 나머지 부분은 거의 탈락되었다. 이 사리함은 우리나라 복발형 사리기의 초기 형식으로 볼 수 있는데, 이처럼 목재로 만든 사리함은 매우 드문 것이다. 사리함 내부를 좁고 깊게 파내 사리병을 안치했으며, 뚜껑은 별도로 만들어 덮었고, 뚜껑 꼭대기에는 보주형 꼭지를 달았다. 유리 사리병은 매우 작은데, 주둥이는 넓고 둘레에 전이 달려서 수평으로 마감되었으며 목은 두꺼우면서 아주 짧다. 크기에 비해 배가 꽤 불러 있어 풍만한 편인데 바닥에 굽은 없으나 배가 부른 탓에 기울지 않고 바닥에 잘 서 있다. 사리병 안에 사리가 들어 있었으나 동탑을 복원하면서 새로 만든 사리기에 재봉안하였다고 한다.

장연사지 삼층석탑 | 통일신라시대의 석탑으로 낙동강 지류로 흐르는 냇가의 낮은 구릉에 동서로 2기가 있었으나 서탑은 일찍이 무너졌던 것을 1980년 2월에 동탑 옆에 복원하였다. 높이는 동탑 4.84m, 서탑 5.31m이며 보물 제677호로 지정되어 있다. 동탑은 현재 지표상에 하층기단의 갑석(甲石)이 있고 그 이하는 매몰되어 있어 단층기단같이 보이지만 서탑과 같은 이중기단을 갖추었을 것으로 추측되어 두 탑은 거의 같은 양식으로 보인다. 두 탑 모두 신라석탑의 전형양식을 따른 우수한 작품이다.

24 법주사 팔상전 사리장엄

5매의 청동판으로 조립된 매우 이색적인 사리함이다

통일신라시대 최초 봉안, 조선시대 재봉안
청동 사각형 사리함 길이 21.2cm
은제 도금 사리호 높이 4.0cm, 받침지름 7.5cm
청동 사리함 높이 5.3cm
동국대학교박물관 소장

1968년 당시 문화재관리국에서 충청북도 보은에 자리한 법주사(法住寺)의 팔상전(捌相殿)을 중수하였다. 이때 기단부 지하 심초석에 사각형의 사리공이 마련된 것이 보였고, 여기에서 청동 사리함과 유리 사리병 등의 사리장엄이 발견되었다. 팔상전은 우리나라에서 유일한 목탑 형식을 띤 전각으로, 17세기 인조(仁祖) 연간에 지은 것이다. 따라서 여기에서 발견된 사리장엄 역시 17세기에 봉안한 것으로 볼 수 있다.

청동 사리함은 특이하게 납작한 청동판(靑銅板)으로 이루어졌다. 마치 트럼프 같은 카드로 바닥을 깔고 그 위에 네 모서리를 세운 다음 맨 위에 다른 한 장을 지붕처럼 얹어놓은 것과 비슷하다. 이것은 통일신라시대에 만들었던 관함형 사리기의 모습이 면면히 전하여 조선시대에까지 내려온 것으로 보이는데, 다만 시대적 추이랄까, 통일신라시대처럼 정교하고 입체적으로 만든 것이 아니라 생략이 많고 편의적으로 만들었다는 점이 다르다. 특히 이 청동판에는 사리장엄을 발원한 사람과 시주한 사람 등의 이름이 적혀 있고, 1605년(선조 38)에 봉안하였다는 연호가 점으로 새겨져 있다. 이러한 것은 일종의 탑지(塔誌) 역할을 하는 것이다.

청동 사리함 안에는 뚜껑이 열려 있던 청동 합과 받침이 둘린 은제 도금 사리호가 있었다. 청동 합에는 파편으로 발견된 유리 사리병이, 사리호에는 사리 18과가 봉안되어 있었다. 은제

법주사 팔상전 사리기 청동 외함. 이처럼 얇고 납작한 청동판 다섯 장을 서로 연결하여 사리내함을 만들었다. 사리기의 제작이 신라나 고려에 비하여 현저하게 줄어든 조선시대에 조성한 것이기는 하지만, 어쨌든 기발한 발상이다.

청동 사리합. 전체적으로 부식이 심하고 일부는 떨어져나간 곳도 있으나 비교적 완전한 형태이다. 표면에는 아무런 장식이 없는데, 보기보다 기면의 두께가 매우 얇아 주조 기법이 우수했음을 알 수 있다. 뚜껑은 위에서 그냥 덮어씌우는 형식이며, 몸체에 비해 매우 커다란 편이다.

사리호는 소형인데, 마개가 있고 둘레에 초화 무늬가 가득히 아름답게 장식되었다.
유리 사리병은 통일신라시대에 봉안되었다가 조선시대 중기에 팔상전이 중건될 때 봉안되었다가, 탑지의 기록처럼 1605년 무렵에 사리장엄을 새로 하면서 그대로 재봉안한 것으로 추정된다. 사리병의 제작 시기는 비록 파편이기는 하지만 남아 있는 것의 형태와 크기, 곡선 등으로 볼 때 불국사 삼층석탑 유리 사리병을 연상시킨다. 따라서 8~9세기 무렵에 조성된 것으로 추정해 볼 수 있다.

법주사 팔상전 사리기 은제 사리호와 청동 받침. 조선시대에 봉안한 자그마한 크기의 사리호로, 은으로 만들고 표면에 도금을 하였다. 몸체 가득히 여러 가지 꽃무늬가 장식되었는데, 조선시대에 유행한 화초화와 비교해도 재미있을 듯하다. 사리호 둘레는 청동으로 만든 받침이 있는데 받침치고는 큰 편이어서 사리호가 쑥 들어가게 되어 있다.

법주사 | 553년(진흥왕 14) 의신(義信)이 창건하였고, 그 뒤 776년(혜공왕 12) 진표(眞表)가 중창하였다. 절 이름을 법주사라 한 것은 창건주 의신이 서역에서 돌아올 때 나귀에 불경을 싣고 와서 이곳에 머물렀다는 설화에서 유래된다. 법주사는 특히 진표와 그의 제자들에 의하여 미륵신앙의 중심 도량이 됨으로써 대찰의 규모를 갖추게 되었다. 김제 금산사(金山寺)를 창건한 진표는 제자 영심(永深) 등에게 속리산으로 들어가서 길상초가 난 곳을 택하여 가람을 이룩하고 교법을 펴라고 하였다. 이에 영심 등은 속리산으로 들어가 길상초가 난 곳을 찾아 절을 세우고 절 이름을 길상사(吉祥寺)라 하였다. 1363년(공민왕 12) 왕이 절에 들렀다가 통도사에 사신을 보내 부처님의 사리 1과를 법주사에 봉안하도록 하였다.

팔상전 | 조선시대의 목탑으로 국보 제55호로 지정되어 있다. 5층의 높은 건물로 5층 옥개는 사모지붕으로 되어 있고, 그 위에 상륜부를 갖춘 현존하는 우리나라 유일의 목조 오층탑이다. 이 팔상전을 흔히 전각으로 생각하고, 편액도「팔상전」이라 되어 있으나 형식으로 보아서 완연한 목탑으로 건축된 것을 알 수 있다. 건축적으로 이와 유사한 양식을 금산사 미륵전이나 지금은 소실된 쌍봉사 대웅전 등 3층 건물에서 찾을 수 있는데 이 팔상전은 그와는 또 다른 형식을 하고 있다.

25 안동 임하동 전탑지 출토 사리장엄

관함형 사리함은 우리나라에서는 유일한 예이다

고려 초 10세기
은제 도금 사리외함 높이 4.4cm
은제 상자형 사리내함 높이 2.9cm
유리 사리병 높이 2.4cm
안동대학교박물관 소장

이 사리장엄은 1987년 경상북도 안동시 옥동의 한 전탑지에서 발견되었다. 조선시대에 편찬된 안동읍지『영가지』(永嘉志)「고탑」(古塔)조를 보면 통일신라시대의 임하사(臨河寺)에 7층 전탑이 있다고 한 것으로 보아 이 사리장엄이 바로 임하사지에 남아 있는 전탑에 봉안되었던 것으로 생각된다.

발견 당시 이곳은 이미 폐사가 되어 전탑지만 남아 있었는데, 안동대학교박물관의 발굴을 통해 다량의 전돌이 수습되어 이 탑지가 전탑(塼塔)이었음을 알 수 있었다. 탑지(塔址)는 가로·세로 각각 56cm로 조사되어 비교적 커다란 규모의 탑이 서 있었음을 알 수 있었으며, 지하 1.5m 지점에서 마치 목탑의 심초석과 같은 육각형 돌이 발견되었고, 그 윗면에 사리공이 있었다. 석탑이면서도 목탑에 설치되는 심초석이 마련되고 여기에 사리장엄이 설치된 예로는 익산 왕궁리 오층석탑 사리장엄에서도 살펴볼 수 있다.

사리공은 둥근 형태로 위쪽에 1단의 낮은 턱을 두었다. 전체 지름은 14.8cm, 안지름 11.0cm, 전체 깊이는 9.5cm였다. 사리공 안에 맞배지붕을 한 집 모양의 사리외함이 들어 있는데, 관함형(棺函形)의 일종으로 보인다. 지붕 용마루 5곳에 구슬장식을 하고 추녀 끝에는 초록색 구슬에 영락을 장식하였으나, 용마루의 장식은 모두 탈락되어 있다. 그런데 이 사리외함의 형태는 특히

안동 임하동 전탑지 출토 사리장엄. 관함형 사리외함, 상자형 사리내함, 유리 사리병으로 구성되어 있다.

아래 | 안동 임하동 전탑지 출토 사리장엄 공양물.

중국 관함형 사리함과 유사한 모습이라 전탑이 중국 도래민의 영향을 받아 축조되었다는 가설을 뒷받침한다는 점에서 중요한 자료라고 할 수 있다. 게다가 이러한 형태의 사리외함은 우리나라에서는 이것이 유일하다.

사리외함 안에는 상자형 사리내함과 감청색 유리 사리병이 있었다.

또한 유리병 속에 또 다른 병이 들어 있었는데 X선 촬영 결과 은제
병의 겉에 유리를 씌운 칠보병(七寶瓶)임을 확인하였다. 칠보병은
사리병으로서는 용례가 매우 드문 편이다.
그밖의 공양품으로는 은환(銀環), 나무 조각, 관옥(管玉) 4점, 은제
심엽형(心葉形) 장식, 은덩이 등과 함께 모두 100여 점이 넘는
푸른색 또는 녹색의 구슬이 발견되었다. 은환은 경주 황룡사 목탑
심초석에서 발견된 것과 크기나 형태가 매우 유사하다.

전탑 | 점토(粘土)를 사각형 또는 직사각형으로 빚어서 말린 뒤 800~1,000°C로 가마에서 구워 만든 전(塼)으로 축조한 탑. 전은 여러 가지 용도에 쓰이므로 크기나 모양도 용도에 따라 다양하나 탑을 축조하는 데 사용되는 전의 크기는 대개 27~28cm의 사각형에 두께 5~6cm이고 사용하는 위치에 따라 반의 크기로 만든 것도 있다.
재료의 특성상 탑 자체의 취약성을 피할 수 없어서 현존하는 예는 적으며, 그런 탓에 석재를 전과 비슷한 모양으로 가공하여 축조한 모전탑이 나타나기도 했다.
그러나 전탑은 우리나라의 풍토나 민족성과 융합되지 않아서 건립된 수도 많지 않았다. 현재 남아 있는 예는 안동의 신세동 칠층전탑, 동부동 오층전탑, 조탑동 오층전탑, 칠곡 송림사 오층전탑, 여주 신륵사 다층전탑의 5기뿐으로 석탑에 비하여 아주 적다.

26 광주 서 오층석탑 출토 사리장엄

감은사와 송림사 사리기의 영향을 받은 고려시대의 전각형 사리기이다

고려 10세기
금동 보각형 사리기 높이 15.7cm
은제 사리호 높이 2.5cm
국립광주박물관 소장

1961년 광주광역시 남구 구동에 있는 동서 오층석탑 가운데 서탑을 수리할 때 발견된 사리장엄이다. 이 부근에 성거사(聖居寺)가 자리했었다고 전하지만 언제 창건되고 언제 폐사되었는지 알려져 있지 않다. 그러나 탑은 양식상 고려시대에 세운 것이 확실하다.
2층 옥신(屋身)에 사각형 사리공이 마련되고 그 안에 사리장엄이 봉안되었는데, 금동 보각형 사리기 안에 은제 사리호가 놓였으며 그 밖에 동경(銅鏡)과 경문(經文) 등이 있었다.
금동 보각형 사리기는 감은사 및 송림사 사리기, 특히 남원 출토 사리기 등에서 보이는 양식을 직접 이어받고 있다. 그러나 팔각이 아닌 사각을 기본으로 한 점, 사리기 자체의 조형성뿐만 아니라 사천왕상과 보살상 등의 조형 수법에서 정교함과 치밀함이 떨어진다는 점 등에서 고려시대로 내려오면서 통일신라시대의 전형 양식이 어느 정도 약화되고 퇴화된다는 점이 뚜렷하게 보인다.
전체적으로 대좌 형식의 기단부, 보각 형태의 함체, 그리고 보개 등으로 이루어진 것은 보각형 사리기의 일반적인 모습이며 함체 네 모서리에 사천왕을 세운 것은 남원 출토 사리기의 영향을 직접 받은 것으로 보인다.
기단부는 사각형인데 맨 아래의 굽받침을 3단으로 하고 그 위의 각 면마다 안상을 큼직하게 뚫어놓았다.

광주 서 오층석탑 보각형 사리기. 7세기부터 비롯된 우리나라 보각형 사리기의 계보를 잇는 고려시대의 보각형 사리기이다. 기단부와 함체, 천개로 이루어진 전형적인 구성을 나타내며, 함체 네 면에는 사천왕상까지 장엄하였다.

함체 역시 받침을 3단으로 놓고 그 위에 함체를 올려놓았는데, 네 모서리 끝에 사천왕상을, 보각에는 각 면마다 심엽형(心葉形) 장식을 한 사각형 판 2매를 연결하여 놓았다. 이것은 송림사 사리함의 난간과 감은사 사리내함의 문을 합성한 것으로 보인다. 함체 각 면에는 부조된 보살입상을 붙였는데, 현재는 3위만 남아 있다. 사방에 불상을 표현한 것은 사방불 신앙에 따른 것으로 신라시대에 여러 용례가 있으나 이 사리기처럼 보살상을 사방에 부조한 것은 확실히 고려적인 요소라 하겠다.

천개는 사모지붕이며 꼭대기에 보주가 솟아 있다. 지붕 위에서부터 각 면으로 기왓골이 단순하고 두껍게 표현되어 이 역시 통일신라시대의 보각에서 매우 퇴화된 모습으로 나타나고, 네 면의 처마 모서리와 중간에 각각 풍탁과 영락 장식이 달려 있다. 함체와 보개는 붙어 있어서 이것이 곧 이 사리함의 뚜껑 역할을 한다. 보개 맨 위의 보주 장식을 잡아서 위로 들면 이 부분이

사리기의 기단 세부. 기단부가 높다랗게 구성되고 중간에 안상이 있으며, 그 위에 사리를 안치하는 사리좌가 마련된 점, 이 사리좌 바깥에 난간이 설치되고 그 앞에서 사천왕상이 호위하는 점, 또한 천개가 간략화된 지붕의 모습 등이 감은사 사리기와 비슷하다.

들리고, 내부 중앙에 있는 연화좌에 뚜껑이 덮인 은제 사리호가 놓여 있다. 사리호 안에는 사리 62과가 봉안되어 있었다. 물론 62과 전부가 불사리는 아닐 터이지만, 그렇다고 하더라도 다른 사리장엄에 비하여 많은 수량이 봉안된 것만큼은 확실하다. 한편 동탑은 1955년에 해체 수리되었는데 그때 4층 옥개석의 사각형 사리공에서 동합(銅盒)과 동판 조각 2개가 발견되었다.

27 의성 빙산사지 오층석탑 사리장엄

여섯 장의 연잎으로 된 금동 대좌가 사리병을 받치고 있다

고려 10세기 초
금동 상자형 사리함 높이 9.9cm
녹색 유리 사리병 높이 3.9cm
국립중앙박물관 소장

1973년 경상북도 의성군 춘산면 빙계리 빙산사지(氷山寺址)에
있는 오층석탑을 해체 복원하던 중 사리장엄이 발견되었다.
금동 상자형 사리함을 비롯하여 녹색 유리 사리병, 금동제 불상의
두광(頭光), 청동 풍령(風鈴), 청동 탁(鐸), 돌로 만든 구슬 2개,
청동 부젓가락 3개 등이 수습되었는데 현재 국립중앙박물관에
보관되어 있다. 금동 사각형 사리함은 전형적인 상자형 사리기로
뚜껑이 달려 있다. 뚜껑 모습은 경주 동천동 출토 사리함과
비슷한데 이 빙산사지 사리함이 동천동 사리함의 영향을 받았을
것이다. 사각형 함체는 전체 면에 봉황 무늬를 배치하여 장식하고
여백을 오려내 내부가 살짝 보이도록 하였는데, 이런 기법을
투조(透彫) 또는 투각(透刻)이라 한다. 이것은 751년에 제작한
것으로 생각되는 불국사 삼층석탑 사리장엄의 기법을 이어받은
것으로 볼 수 있다. 전 남원 출토 사리함에서도 이러한 투조 기법을
볼 수 있다. 뚜껑에는 연꽃봉오리 모양의 꼭지가 마련되었고 다른
무늬 장식은 없다. 내부에는 유리 사리병이 안치되었으나 사리는
발견되지 않았다. 녹색 유리 사리병은 주둥이가 곧게 위로 뻗었고
목이 매우 짧으며 배도 아주 조금 불러 있어 전체적으로는 전 남원
출토 사리장엄의 사리병과 비슷한 모양이다. 크기는 소형이고
색깔은 탁한 색이 들어간 청록색이며, 거의 파손된 부분 없이
완전하다. 주둥이 위에 은제 보주형 마개가 끼워졌으며, 굽은
없으나 전부 여섯 장의 연잎으로 된 금동 대좌가 사리병을 받치고

의성 빙산사지 오층석탑 사리장엄. 빙산사지 오층석탑 사리외함은 불국사 삼층석탑 사리외함과 매우 닮았다. 우선 함체 벽면을 보상화문으로 오려서 투각한 점이 그렇고, 지붕의 모습도 기본적인 의장이 같다고 할 수 있다. 사리병의 형태에는 고려시대의 양식이 잘 나타나 있다.

있는 것이 특징이다. 이 사리장엄은 일반적으로 9세기의 것으로 추정되는데, 이는 사리장엄이 봉안된 오층석탑의 양식에 우선적으로 기대고 있는 것이다. 그러나 사리함의 투조 기법과 사리병의 양식으로 보아서는 그보다 1세기 가량 후대에 봉안되었을 가능성이 높아 보인다. 게다가 불상은 없이 금동 두광만 남아 있는 것으로 볼 때 최초로 탑이 건립된 이후 1세기 가량 뒤에 보수 등의 이유로 탑이 열려 사리장엄이 보완되었을 수도 있다. 두광의 양식도 9세기보다는 10세기에 가까워 보인다.

빙산사 | 신라 때 선덕여왕이 비구니들을 위해 창건하여 영니사(盈尼寺)라고 했다. 조선시대에는 1407년(태종 7) 전국 88개 자복사찰(資福寺刹) 중의 하나로 꼽혔으며, 이때의 이름은 빙산사였다. 1592년(선조 25) 임진왜란 때 권응수(權應銖, 1546~1608) 장군에 쫓기던 왜군이 상주로 철수하면서 절을 불태워 폐사되었다. 그 뒤 복구되지 못한 채 있다가 1600년(선조 33) 장천서원(長川書院)이 이 절터로 옮겼다. 보물 제327호 오층석탑의 초층 탑신 남면에 감실이 있고 그 안에 금동 불좌상이 안치되어 있었으나 임진왜란 때 왜군이 훔쳐갔다고 전하며, 지금은 불대좌만 빙혈 입구에 남아 있다. 유명한 빙혈은 절터의 북쪽 기슭에 있는데, 여름에도 평균 온도가 영하 4도에 지나지 않아 늘 서늘한 기운을 내고 있다.

28 서산 보원사지 삼층석탑 사리장엄

상자형 사리함에 새겨진 사천왕상은 통일신라의 영향을 받은 것이다

고려 10세기
금동 상자형 사리함 가로 68cm, 세로 8.2cm, 두께 2.0cm
금동 직사각형 사리통 높이 5.0cm
녹색 유리 사리병 높이 3.5cm
국립중앙박물관 소장

1968년 충청남도 서산시 운산면 보현리에 자리한 보원사지
(普願寺址)의 고려시대 오층석탑을 해체 보수하던 중
사층 옥개석과 오층 탑신석, 그리고 기단 적석층(積石層)에서
발견된 사리장엄이다. 사층 옥개석의 사각형 사리공에는 금동
사각형 사리함과 금동 직사각형 사리통, 녹색 유리 사리병,
오층 탑신석에는 유리 및 옥으로 만든 염주 종류 3개, 납석제 소탑
12기 등이 봉안되었다. 그리고 기단 적석층에서는
소형 전탑(塼塔)과 목탑 조각이 발견되었다. 오층석탑과
마찬가지로 모두 고려시대에 봉안한 사리장엄이다.
금동 상자형 사리함은 납작한 모습을 하고 있다. 뚜껑은 녹이 많이
슬었는데 겉에 관음보살상과 동자상이 선각되어 있다. 사리함
외부에 관음보살상과 동자상이 조각된 예로는 현재까지 이것이
유일하다. 다른 사리기에는 대체로 사천왕상 등이 장엄되는데,
이것은 석가여래와 불법을 수호하는 의미였다. 그렇지만
관음보살은 특히 아미타여래와 밀접한 연관이 있으므로 확실히
색다른 예라 하겠다. 사리함의 바닥에도 이른바 쌍구체(雙鉤體)로
연기법송(緣起法頌)이 새겨져 있었다. 쌍구체란 글자를 쓸 때 가는
선으로 획의 가장자리만 떠내는 것을 말한다. 연기법송은 경주
금장동 금장사(金丈寺) 터에서 발견된 전돌에 새겨진 것이 발견된
적이 있는데, 이 전돌의 글씨는 신라의 유명한 조각가 양지(良志)가

서산 보원사지 삼층석탑

새긴 것으로 보인다.

금동 상자형 사리함 안에 안치된 금동 직사각형 사리통은 입면으로 볼 때 사각형이 아닌 타원형을 하고 있는 것이 특색이다. 뚜껑이 달려 있으며, 앞뒷면에 각각 사천왕 2위씩을 새겼다. 사천왕상의 조각은 통일신라시대에 비하여 비록 기법은 매우 떨어지지만 통일신라의 사천왕신앙이 그대로 계승되고 있음을 보여준다.

금동 원통형 사리통 안에 안치된 녹색 유리 사리병은 청도

서산 보원사지 삼층석탑 사리장엄. 납작한 상자형 사리외함과 타원형 사리통, 유리 사리병 등으로 이루어져 있다.

장연사지 동 삼층석탑 유리 사리병과 거의 흡사하다.
한편 납석제 소탑 12기가 봉안된 것은 통일신라시대에 유행하였던 다라니신앙에 따른 99기 또는 77기 소탑(小塔) 봉안의 전통이 계승된 것으로 생각된다.

보원사 | 이곳에서 출토된 금동 여래입상이 6세기 중엽에 제작된 것으로 보아 적어도 그 무렵에 창건된 것으로 생각된다. 조선시대에는 강당사(講堂寺)라 하였다. 최치원이 지은 「법장화상전」(法藏和尙傳)에 보원사는 의상을 계승한 화엄십찰(華嚴十刹) 중의 하나라고 언급되어 있다. 따라서 이 사찰의 종파가 화엄종임을 알 수 있다. 그리고 현재 절터에 남아 있는 「법인국사보승탑비」(法印國師寶乘塔碑)는 고려 초기 고려를 대표할 만한 고승으로 이곳에 주석했던 탄문(坦文, 900~975)과 관련된 내용이다. 이 절터에서 출토된 유물로는 국립부여박물관에 소장된 백제 금동 여래입상과 국립중앙박물관에 소장된 고려 철불좌상 등이 있으며, 현재 보물 제102호 석조(石槽), 보물 제103호 당간지주, 보물 제104호 오층석탑, 보물 제105호 법인국사보승탑, 보물 제106호 탑비 등이 절터에 남아 있다.

29 함양 승안사지 삼층석탑 사리장엄

이국적 풍취를 자아내는 유리 사리병에 사리 1과가 들어 있었다

고려 초 10세기
청동 사리외합 높이 10.2cm
녹색 유리 사리병 높이 4.8cm
국립경주박물관

1962년 경상남도 함양군 수동면 우명리의 승안사지(昇安寺址)에 있는 고려 초의 삼층석탑을 이건할 때 초층 탑신 윗면 중앙의 원형 사리공에서 원통형 청동 사리합과 녹색 유리 사리병, 녹색 및 백색 유리 구슬을 한데 엮은 것, 은제 및 백동제 반지 6개, 『무구정광대다라니경』, 그리고 청색 및 백색 모시 조각과 명주 조각, 주머니 등의 사리장엄이 발견되었다. 모시 및 비단 조각과 주머니 등은 조선시대인 1494년에 탑을 중수할 때 봉안한 것이다. 청동 사리합은 뚜껑이 달린 원통형으로 안에 녹색 유리 사리병 등의 장엄구가 들어 있었다. 사리합의 맨 아래는 세 줄의 돌대(突帶)를 둘러놓았으나 표면에는 아무런 장식이 없다. 뚜껑 역시 맨 아래에 두꺼운 돌대 한 줄이 둘려 있으며, 위에 보주형 꼭지가 달려 있다.

녹색 유리 사리병은 전형적인 호리병형이다. 주둥이에 둥근 구슬 모양과 북(鼓) 모양의 유리가 맞붙어서 된 마개가 있는데, 이러한 마개 형태는 다른 유리 사리병에서는 거의 찾아볼 수 없는 매우 독특한 모습이다. 고려시대에 봉안한 것이지만 다소 이국적인 풍취를 자아낸다. 사리병 목의 길이는 전체 비례로 볼 때 알맞은 편이며 어깨부터 배로 내려가는 곡선도 비교적 풍만하여 보기 좋다. 밑에는 굽 없이 몸체가 그대로 바닥에 닿게 되어 있다. 사리병 안에 사리 1과가 들어 있었다.

함양 승안사지 삼층석탑
사리장엄. 원통형 청동
사리함과 녹유리
사리병이다.
사리장엄치고는 매우
간단하게 이루어져 있는데,
이는 고려시대로
들어오면서 나타나는
일반적인 현상이기도 하다.

모시와 비단, 그리고 주머니 등은 사리병 주위에 놓여 있었다. 특히 주머니 안에는 1494년(성종 25)의 중수에 관한 내용을 한지에 먹글씨로 쓴 중수기가 들어 있었다. 좀이 많이 슬어 있어 중수기 전체 내용을 다 확인할 수는 없으나 '홍치(弘治) 7년'이라는 중국 명나라의 연호, 그리고 시주자들의 이름이 적혀 있는 것을 알 수 있다.

승안사와 삼층석탑 | 승안사는 『신증동국여지승람』에 "승안사는 사암산에 있다"(昇安寺在蛇巖山)는 기록만 보일 뿐 다른 기록이 없어 일찍이 폐사된 듯하다. 삼층석탑은 고려시대의 석탑으로 높이 4.3m이며 보물 제294호로 지정되어 있는데, 근처에 재실을 건립할 때 원위치에서 옮겨진 것으로 추측된다. 이 석탑은 이중기단 위에 세워졌으며 대체로 신라 양식을 따르고 있으나 기단과 탑신을 각종 조각으로 장식한 것은 새롭게 등장한 고려 양식이다. 또한 기단과 탑신과의 균형을 잃었고 기단의 이음부분도 간략화된 반면에 탑의 장식에 비중이 커져 고려 초기의 특색이 잘 나타나 있다.

30 월정사 팔각 구층석탑 사리장엄

고려시대에 유행하였던 정병 모습의 유리 사리병이다

고려 10세기
청동 사리합 지름 18.3cm
은제 사리합 지름 8.9cm
수정 사리병 높이 5.4cm
금동 사각형 향합 높이 4.4cm
월정사성보박물관 소장

강원도 평창군 진부면 오대산에 자리한 월정사(月精寺)는 643년(신라 선덕여왕 12) 중국 오대산에서 문수보살을 친견하고 돌아온 자장(慈藏)에 의해 창건된 우리나라의 대표적 명찰 가운데 하나이다. 1970년 적광전 앞에 서 있는 팔각 구층석탑을 해체 복원하던 중 초층과 5층에 마련된 원형 사리공에서 각각 사리장엄이 발견되었다. 특이한 점은 두 곳의 사리공 모두 위에 둥근 모습의 동판 뚜껑이 덮여 있었던 점인데, 사리공 위에 뚜껑이 덮이는 예는 여느 사리공에서는 잘 볼 수 없는 것이다.
통일신라에서는 나원리 오층석탑 사리공에서 목재로 된 뚜껑이 발견되었으나 몹시 부식되어 있었다.
초층에는 비단 보자기에 싸인 사리기가, 그리고 오층에는 은제 도금 여래입상이 있었다.
초층에 봉안되었던 사리기는 보자기 안에 청동 사리합이 있고 그 안에 은제 사리합과 금동 사각형 향합(香盒), 사각형 자수(刺繡) 향낭(香囊), 그리고 은제 사리합 안에 수정 사리병과 두루마리로 된 불경인 『전신사리경』(全身舍利經)이 들어 있었다. 청동 사리합 주변에는 동경(銅鏡) 4매가 마치 사리합을 호위하듯 배치되어 있었던 것도 특이하다.
청동 사리합은 고려시대에 종종 보이는 납작한 형태에 뚜껑이 덮인

월정사 팔각 구층석탑 사리장엄. 1970년 팔각 구층석탑을 해체 수리할 때 초층탑신 상면의 사리공에서 사진에서 보는 바와 같이 은제 합과 사각형 향합(香盒), 향목 등이 들어 있는 청동 합이 발견되었다.

모습으로, 통일신라시대의 사리합처럼 화려하고 장식적이지는 않지만 단정하고 깔끔한 느낌을 준다. 그런데 이 사리합은 고려시대에 유행하였던 청자 합과 거의 같은 모습을 하고 있는 게 재미있다. 형태는 청자이지만 재질은 청동으로 한 것인데, 말하자면 예로부터 내려오는 사리기의 전통적인 재질을 그대로 지켜나갔다는 것을 의미한다.

은제 사리합은 마치 똑같은 크기의 밥그릇 두 개를 아래위로 덮어 놓은 듯한 모습을 하고 있다. 이처럼 뚜껑을 사리합과 거의 같은 모습과 같은 크기로 만드는 것 역시 고려시대에 종종 나타나고 있다.

수정 사리병은 호리병 모습이며, 원통형의 마개가 있다. 호리병이라는 것은 어떻게 보면 통일신라시대의 유리 사리병에서 영향을 받은 것처럼 보이지만, 다른 시각으로 본다면 고려시대에 유행하였던 정병(淨甁)을 조형화한 것으로도 볼 수 있다. 그렇다면 정병은 곧 사리병에서 변화된 것인지도 모른다. 사리병 안에는 담홍색을 띤 사리 14과가 들어 있었다.

청동 합 속에 들어 있던
은제 사리합.

금동 사각형 향합은 담뱃갑처럼 납작한데, 장엄용의 향을 넣기 위한 것이다. 뚜껑 윗면과 합 바닥면에는 각각 2위씩의 사천왕을 새겨넣었다. 사천왕 주위의 여백을 연주문(聯珠紋)으로 가득 채운 것은 아무래도 통일신라시대의 영향으로 보아야 할 것이므로, 이 사리장엄의 조성 연대를 10세기 중에서도 초반으로 비정할 수 있는 근거가 된다.

월정사 | 643년(선덕왕 12) 자장율사가 창건하였다. 창건 당시 자장율사는 임시로 초암(草庵)을 얽어 머물면서 문수보살의 진신을 친견하고자 하였으나, 그가 머물던 3일 동안 음산한 날씨가 계속되어 뜻을 이루지 못하였다. 그 뒤 유동보살(幼童菩薩)의 화신이라고 전하는 신효거사(信孝居士)가 이곳에 머물렀고, 범일(梵日)의 제자였던 신의(信義)가 자장율사가 휴식하던 곳을 찾아와서 암자를 짓고 살았다. 신의가 죽은 뒤 이 암자는 오랫동안 황폐해 있었는데, 수다사(水多寺)의 장로 유연(有緣)이 암자를 다시 짓고 살면서 사격을 갖추었다. 중요 문화재로는 국보 제48호 팔각 구층석탑과 보물 제139호 석조 보살좌상, 국보 제292호 오대산원사중창권선문 (五臺山上院寺重創勸善文), 강원도유형문화재 제53호 육수관음상(六手觀音像), 강원도문화재자료 제42호 부도 22기 등이 있다.

정병 | 목이 긴 형태의 물을 담는 병을 가리킨다. 범어(梵語) 군디카(Kundika)에서 유래한 것으로, 음역하여 군지(軍持) 또는 군치가(䇿雉迦)라 하고, 수병(水瓶)이라고도 한다. 정병은 물 가운데서도 가장 깨끗한 물을 넣는 병인데, 정병에 넣는 정수(淨水)는 중생들의 고통과 목마름을 해소해주는 감로수와도 서로 통하여 감로병 또는 보병(寶甁)이라고도 일컫는다. 불화 등에서 특히 관음보살이 정병을 들고 있는 모습을 볼 수 있는데, 정병에 든 감로수로 모든 중생들의 고통을 덜어주고 갈증을 해소해 준다. 그밖에 조각 등에서 미륵보살이나 제석(帝釋)·범천(梵天) 등도 정병을 들고 있는 모습을 볼 수 있다.

금동 사각형 향합의 앞면(왼쪽)과 뒷면(오른쪽). 사천왕상의 도상(圖像) 자체는 통일신라의 사천왕상과 큰 차이가 없다. 그러나 통일신라와는 달리 얼굴의 모습에서 이국적 풍모가 사라졌고, 또한 늘씬하다기보다는 탄탄한 체형을 느끼게 하는 등 고려적 양식이 뚜렷하다. 고려 불상의 모습과도 닮은 점이 많다.

31 순천 동화사 삼층석탑 사리장엄

고려시대에 들어와 청자를 사리기로 사용하기도 했다

10세기
청자 사리호 높이 11.2cm
유리 사리병 높이 3.5cm
금동 보탑 높이 4.3cm
동화사 소장

대구의 동화사와 이름이 같은 전라남도 순천시 동화사(桐華寺)의 삼층석탑은 통일신라의 양식을 계승한 고려시대 초기의 탑이다. 1988년 이 탑을 해체 보수하던 중 초층 옥신석 상면에 마련된 원형 사리공에서 사리장엄이 발견되었는데, 청자 호 안에 녹색 유리병 2개, 금동 보탑, 유리 구슬 33개, 진주 2개, 자수정 등이 놓여 있었다.

순천 동화사 전경

순천 동화사 삼층석탑 사리장엄. 사리장엄 발견 당시 사진 왼쪽의 청자 사리호 안에 오른쪽에 보이는 2개의 녹색 유리 사리병, 금동 소탑, 유리 및 자수정 등이 안치되어 있었다.

특이한 것은 유리병 등을 안치한 외(外) 사리기로 청자 호를 사용하였다는 점이다. 보통 사리기로는 금동이나 은, 청동 등이 주로 사용되었는데 고려시대에 와서는 이 사리기처럼 더러 청자를 사리기로 쓴 경우가 있다. 고려는 청자의 나라라고 할 만하므로 청자 사리기를 많이 사용하였을 법도 하지만 실제로는 그렇지 않았다. 사리기는 금속제로 써야 한다는 전통적인 관념이 그만큼 강했다고 보아야 할 듯하다. 더군다나 사리장엄이란 곧 종교적인 문제였으므로 더욱 더 쉽사리 바꾸지 못하였을 것 같다. 그래서 월정사 팔각구층탑의 사리장엄 중 청동 사리합은 형태는 청자로 했지만 재질은 굳이 전통적인 청동으로 했던 것이다.

이 청자 사리호는 몸체 아래에 커다랗고 삼각형에 가깝게 양식화된 연잎이 새겨져 있으며, 낮은 굽과 뚜껑을 지니고 있다. 뚜껑에는 연봉형 손잡이가 달려 있는데, 발견 당시는 뒤집힌 채 덮여 있었다.

녹색 유리 사리병은 2개가 함께 나란히 놓였고 이 안에 사리 4과가
봉안되어 있었다. 이 유리 사리병은 적어도 8~9세기 정도로
올라가는 고식인데, 고려 초에 이 탑을 세우면서 동화사에 전해
내려오거나 혹은 다른 곳에 있던 사리병을 모셔와 봉안한 것으로
여겨진다. 그런데 두 점 모두 굽이 없고 배가 많이 부른 형태로서,
거의 같은 시기에 제작되었다고 생각되어 다른 곳에서 따로따로
모셔온 것 같지는 않다. 그렇다면 현재의 탑이 있기 전에 이미
신라시대의 탑이 있었지 않았을까 하는 추정도 가능하다.
금동 보탑(寶塔)은 소형이지만 전체적인 모습이 이 사리장엄이
봉안된 삼층석탑과 거의 같다. 따라서 동화사 삼층석탑을 모델로
하여 만든 것임을 알 수 있고, 동시에 조성시기도 추정해볼 수
있다. 금동 보탑이 봉안된 이유는 통일신라시대의 99기 소탑
공양이 고려에 들어와 간소화된 것으로 추정하고 있다.

동화사 | 1047년(문종 1) 의천(義天)이 창건하였다. 의천이 남쪽 지방을 유람하다가
이곳에 이르렀는데, 동쪽 하늘에서 상서로운 구름이 피어나는 것을 보고 산 이름을
개운산이라 하였으며, 구름이 일어난 곳에 절을 짓고 동화사라 하였다. 동화사의
'동'(桐)은 오동나무로서 봉황이 깃든다는 나무인데, 전국의 현인 군자를 봉황으로
비유하여 그들이 모두 이곳으로 모여들라는 의미라고 한다.

동화사 삼층석탑 | 통일신라시대의 석탑으로 높이는 4.2m이며 보물 제831호로
지정되어 있다. 상층기단부의 중석 이하는 땅에 묻혀 있어 그 형식을 정확히 파악할
수는 없으나 탑신부와 상륜부는 비교적 원형을 잘 보존하고 있다. 탑의 전체적인
규모가 작아지면서 세부가 간략화되고 받침기둥인 탱주가 없어진 점, 옥개받침이
3단으로 도식화되며 옥개석이 둔중해진 점 등은 통일신라 말기에서 고려 초기로
진전되는 석탑형식을 잘 보여준다고 하겠다. 작은 규모에 비하여 전체적인 안정감과
비례의 조화를 아직 잃지 않은 단아한 형태이며, 특히 상륜부가 잘 남아 있어 더욱
주목되는 작품이다.

32 전 문경 봉서리탑 사리장엄

틀에 얽매이지 않는 고려인의 의식이 잘 드러난 사리장엄이다

고려 12세기
청자 완 높이 7.9cm, 입지름 12.1cm, 밑지름 6.6cm
청자 접시 높이 3.9cm, 입지름 16.8cm, 밑지름 7.7cm
목제 금칠 합 높이 6.0cm
수정 사리병 높이 4.5cm
국립중앙박물관 소장

일본에 반출된 우리 문화재에 대한 반환을 놓고 몇 년 동안 노력을 기울인 결과 협정서가 체결된 것이 1965년. 이듬해에 400여 점의 일본 반출 문화재가 국내로 반환되었는데, 그 가운데 하나가 이 전(傳) 문경 탑 출토 사리장엄이다.

일제강점기에 일본으로 반출되기 전의 유물카드에 의하면 발견 장소가 경상북도 문경군 봉생리(鳳笙里)로 되어 있으나 그러한 지명은 본래 없으므로 아마도 호계면의 봉서리(鳳棲里)를 잘못 쓴 것으로 보인다. 이곳에는 봉덕사지(奉德寺址)가 있고, 무너져내린 석탑이 있다. 이 석탑은 일제강점기에 도굴꾼에 의해 파손되었고 사리장엄은 일본으로 반출되었다.

사리장엄으로는 먼저 청자 완이 있고 그 안에 목제 합을 안치하였으며, 다시 그 안에 수정 사리병을 넣었던 것으로 추정된다. 그리고 그밖에 청자 그릇 1개, 유리 구슬 380개, 관옥(管玉) 및 수정 구슬 각 1개, 감색 비단 주머니와 자색 비단 조각 등이 있다.

청자 완(碗)은 갈색 유약이 고르게 발라졌으며 전체에 빙렬(氷裂)이 있다. 구연(口緣)은 바깥쪽으로 약간 휘었고 굽은 비교적 높은 편이다. 11세기에 만든 것으로 보이는데 이를 통해 사리장엄이 봉안된 시기를 추정해볼 수 있다. 한편으로 보면

전 문경 봉서리탑 사리장엄. 청자 완 안에 작은 목제 합이 들어 있고, 다시 여기에 수정 사리병이 봉안되었다. 청자를 과감히 사리기의 일부로 사용할 만큼 청자 전성기에 들어섰던 11세기 고려의 사회 분위기를 엿볼 수 있다.

이 봉서리탑 사리장엄은 외용기로 청자를 사용한 흔치 않은 예에 속한다. 더군다나 사리장엄 봉안을 위해 특별히 제작한 것이 아니라 이미 만들어진 청자를 그대로 외용기로 쓴 것이어서 사리기로서는 파격적인 것이라 할 수 있다. 확실히 고려시대에는 사리장엄에 대한 인식이 통일신라시대와는 달리 일정한 틀에 얽매이지 않고 훨씬 자유로웠다고 생각된다.

다른 하나의 청자 그릇은 접시 형태로서 청자 완을 받치기 위한 것으로 보인다. 역시 빙렬이 있으며 푸른 유약이 골고루 잘 발라져 있다. 그리고 둥근 원형의 목제 받침이 하나 있는데 아마도 다시 이 청자 받침을 받치기 위한 용도가 아니었을까 추정한다. 하지만 이렇게 받침을 중첩하여 봉안하는 것은 어딘가 어색할 뿐만 아니라 다른 곳에서는 전혀 나타나지 않은 방식이다. 달리 생각해보면 청자 접시를 청자 완의 뚜껑으로 삼아 거꾸로 해서 엎어놓았을 가능성도 있다. 하지만 청자 완과 청자 접시의 입지름이 4.7cm나

차이가 져 서로 딱 들어맞지 않는다는 점이 미심쩍기는 하다.
목제 합은 둥근 형태로 몸체와 뚜껑으로 구성되었다. 목합 내외부에는 물레로 깎은 듯한 흔적이 뚜렷하며 전체에 금박 칠을 하였다. 안에는 호박(琥珀) 부스러기가 가득하였고, 옥석 조각도 섞여 있었다.

수정 사리병은 반투명의 둥근 수정을 위에서부터 구멍을 뚫어 사리를 넣고 보주형의 마개로 막아놓았다. 특히 눈에 띄는 것은 이 마개가 목제라는 점인데, 사리병의 마개로 목제가 사용된 것은 현재로서는 이것이 유일하다. 목재는 부식이 빨리 되는데다가 귀중한 사리를 봉안한 곳에 쓰기에는 격이 떨어진다는 느낌이 있었을 것이다. 그래서 그런 부분을 보완하기 위해 이 목제 마개에 금박을 입혀놓았다.

빙렬 | 얼음이 갈라져 금이 간 모양의 무늬를 가리킨다. 특히 도자기 등에서 말할 때는 주로 청자의 그릇 표면에 빙렬을 내고 그 빙렬 안에 자연스러운 색을 넣는 기법을 말하기도 한다. 혹은 백자에서도 빙렬을 내지만 이것은 매우 어려운 기법으로 이렇게 만든 것을 '고백자' 라고 부르기도 한다.

호박 | 황색의 광택을 내는 보석으로 고대의 수지(樹脂)가 석회화한 광물로 투명 또는 반투명의 지방광택을 내며, 밀황색 · 납황색 · 적갈색을 나타낸다. 퇴적암 속에서 발견되며 탄층에 수반되는 일이 많은데, 특히 속에 벌레가 들어 있는 것은 값이 비싸다. 굳기는 2.0~2.5, 비중은 1.0~1.1로서 보석 중에서는 무른 편에 속한다. 우리나라에서는 칠보 중의 하나로 귀하게 여겼으며, 이것으로 곡옥 등을 만들어 여러 가지 노리개나 장식품에 사용하였다.
호박은 해수(海水)보다 가볍기 때문에 해안에 있는 모암으로부터 바다에 떨어져 파도에 밀려 기슭까지 오는 일이 많다고 한다. 따라서 이전에는 바다 속에 들어가 그물로 건져올렸다고 한다.

33 수정 복발탑형 사리기

원나라의 영향을 받은 나마탑형 사리기는 14세기 강원도 지방에서 유행했다

고려 13세기
수정 사리기 높이 4.5cm
영남대학교박물관 소장

통일신라 말에 처음 나타나 고려 후기인 14세기를 전후하여 유행하였던 복발탑형(覆鉢塔形) 사리기 종류의 하나이다. 아쉬운 것은 이 사리기는 사리장엄 중의 일부인데 단지 이것만 전래되어 어느 탑에서 출토되었는지, 다른 사리장엄은 어떠하였는지 등을 정확히 알 수 없다는 점이다.

형태는 복발탑형 중에서도 비교적 단조로운 편이다. 중앙에 커다랗고 둥근 모습의 수정(水晶)을 두고 양 옆면에서 구멍을 뚫어 금동판으로 만든 앙련(仰蓮)에 고정시켰고, 그 밑을 복련(覆蓮) 형태의 받침으로 마무리하였다. 윗면이 아니라 옆면으로 구멍을 뚫어 사리를 봉안하는 것은 매우 보기 드문 예다.

또한 윗면에 작고 가는 원통형의 구멍을 뚫어 이 위에 금동으로 복련을 덮고 그 위에 팔각형으로 된 세 개의 보륜(寶輪)을 놓고, 끝부분을 보주형 장식으로 마감하였다. 이 보주형 장식은 몸체에서 분리되게 만들었으므로 처음에 사리를 봉안할 때는 이것을 들어 위에 뚫린 구멍을 통하여 사리를 안치한 다음에 보주형 장식을 덮어 마무리하였을 것으로 생각된다. 맨 아래에 있는 받침인 대(臺) 역시 은으로 만들었다.

사리기 안에 있었을 사리는 전하지 않는다. 이러한 복발탑형 사리기는 청동보다는 은제 도금이 더욱 많았고, 형태도 이 사리기와 같은 복발탑형 외에 팔각당형 · 나마탑형(喇嘛塔形) 등이 있다.

수정 복발탑형 사리기. 정확한 봉안처를 알 수 없는 이 사리기는 고려 말에 유행한 양식 가운데 하나이다. 복발탑형 사리기는 인도에서 유래되었는데 우리나라에서는 통일신라시대인 9~10세기에 유행하였다가, 고려 말에 이르러 다시 한 번 유행하게 된다.

고려는 후기에 정치적으로 중국 원(元)나라에 종속되었으므로 문화적으로도 영향을 많이 받았다. 이 나마탑형 사리기 역시 그러한 경우로서 원의 나마탑을 본뜬 것이다. 이러한 나마탑형 사리기는 특히 14세기 강원도 지방에서 많이 조성한 것으로 알려져 있다.

한편 이와 흡사한 수정 사리기가 국립중앙박물관과 호림박물관에도 있다. 국립중앙박물관의 사리기는 상하로 관통된 구멍과 옆면에도 또 다른 구멍을 뚫어, 그 끝을 거북 모양의 장식으로 막아 옆면에다 사리를 봉안한 매우 독특한 형식이다.

복발탑 | 바리때를 엎어놓은 것처럼 생긴 탑을 말하며, 고대 인도에서 처음 나타났다. 우리나라에서 본다면 석탑의 상륜부 가운데 사각형의 노반(露盤) 위에 얹힌 반구형의 부재가 복발이다. 중국 및 우리나라 고대 사리기 중에서도 이러한 형태를 띠는 것이 있는데, 고대 인도의 복발탑을 모방한 것이다. 이는 곧 사리기가 탑의 일종이라는 관념 아래 나타난 것이다.

수정 | 무색 투명한 석영 광물질이자 보석의 하나로 수옥(水玉)이라고도 한다. 무색 외에 보라색을 비롯하여 황색·갈색·홍색·녹색·청색·흑색 등 여러 가지 빛깔로 나타난다. 빛깔에 따라서 명칭이 세분되는데, 보라색은 자수정, 황색은 황수정이라 한다. 우리나라 사람들이 수정을 언제부터 보석으로 사용하였는지 자세히 알 길이 없지만, 최소한 삼국시대 초기부터라고 추측된다. 경주에서 수정과 자수정이 생산된 데다가 신라의 장신구 가운데 수정제품이 포함되어 있기 때문이다. 금령총(金鈴塚)에서 출토된 수정목걸이와 미추왕릉(味鄒王陵) 지구에서 출토된 상감유리옥부목걸이는 5, 6세기 무렵에 제작된 것이다.
수정은 세계 각지에서 생산되어 비교적 흔한 편이고, 여러 나라에서 오래 전부터 보석으로 사용되어왔다. 사리기에서도 이렇게 수정으로 만든 것이 여럿 남아 있다.

34 금강산 출토 이성계 발원 사리장엄

외함으로 백자가 사용된 것은 유교의 청빈함을 상징한다

고려 1390년, 1391년
백자 사리발 높이 19.5cm, 입지름 18.2~20.6cm
은제 도금 탑형 사리기 높이 15.5cm
은제 도금 팔각당형 사리감 높이 19.8cm
국립전주박물관 소장

태조 이성계(李成桂)가 발원하여 봉안한 이 사리장엄은 1932년 6월에 강원도 장연면 장연리 금강산 월출봉에서 발견되었다. 사리장엄 가운데 백자 그릇에 쓰인 글을 통하여 조선 개국 2년 전인 1390년(고려 공양왕 2)에 이성계를 중심으로 승려와 속인 1만 명 가량의 발원을 담아 세운 것임을 알 수 있다.

사리장엄의 내용을 보면 사리를 안치했던 은제 도금 사리 소탑(小塔), 은제 도금 사리감과 외함으로 이용된 백자 그릇 4개, 백자 향로, 청동완 등이다.

은제 사리 소탑은 윗부분이 넓고 아래로 내려갈수록 좁아지는 소위 나마탑형을 하고 있는데, 탑신의 윗부분에는 연꽃 장식 위로 보륜(寶輪)이 얹혀 있다. 그 사방에는 연화좌(蓮華座) 위에 서 있는 4위의 불상을 조각하였다. 이 중심부에는 유리제 원통형 사리기를 놓았는데, 맨 위 바로 아래를 얇은 은판으로 장식하고 사리기를 둘러싼 둥근 원통형에는 명문을 음각했다.

은제 도금 사리감은 사리탑을 넣기 위한 것이다. 평면 팔각형으로, 도리사(桃李寺) 사리기와 유사한 형식이다. 뚜껑에는 목조 건축마냥 기왓골이 묘사되어 있는데, 고려시대 사리기에서 흔히 볼 수 있는 2단의 기왓골로 이루어져 있다. 팔각의 각 면에는 두광이 있고 합장한 여래상 8위가 음각되어 있다. 그 아래로는 당초무늬가 양각되어 화사함을 더해준다. 받침부에는 이 사리구를 만들게 된

이성계 발원 사리장엄. 사리외함인 백자 발과 그 안에 안치되었던 은제 도금 사리기, 그리고 사리를 봉안한 은제 사리병 등이다.

경위에 대한 명문이 새겨져 있다. 이들 사리탑과 사리감은 은으로 만든 후 도금한 것이다.

외함으로 백자 그릇이 사용된 점은 조선시대 사리장엄의 특징이라 하겠는데, 백자는 조선시대의 건국이념인 유교에 의해 유행된 것으로 백색은 곧 청빈함을 상징한다고 볼 수 있다.

유교는 고려시대부터 비약적으로 번성하기 시작하여 조선에 와서는 주된 정치·사회 이념으로 확고히 자리잡았다. 그리하여 조선 초중기 이후에는 불교를 능가하고 나아가 억누를 정도의 세력이 되었으나, 이 백자 사리기를 통하여 보듯이 고려 말과 조선 건국 초에는 불교와 유교가 서로 화합하는 모습도 있었던 것이다.

그밖에 이들 사리구와 함께 출토된 것으로 청동 합과 사리를 운반할 때 사용한 것으로 추정되는 은제 순가락이 있다.

35 남양주 수종사 부도탑 출토 사리장엄

세조의 딸 정의옹주의 사리를 봉안한 사리기이다

고려 14세기
청자 사리호 높이 31.2cm, 입지름 26cm
금동 구층탑 높이 12.9cm
은제 도금 육각감 높이 17.3cm
국립중앙박물관 소장

수종사(水鍾寺)는 경기도 남양주시 조안면 운길산(雲吉山)에 있다. 1957년 경내에 있는 팔각 오층석탑과 부도탑을 옮기는 도중에 각각 사리장엄이 발견되었다. 오층석탑은 일명 수종사 다보탑이라고도 하는 조선 초기의 석탑으로, 탑신에서 1493년(성종 24)과 1628년(인조 6)에 해당하는 명문이 새겨진 불상들이 발견된 것이다.

이 부도탑은 일명 정의옹주 부도탑이라고 하는데, 세조의 딸인 정의옹주는 평소 불교를 돈독히 믿었다. 그녀의 사후에 다비하자 사리가 나왔으므로 이렇게 사리탑을 만든 것이다. 부도탑에서는 청자로 만든 뚜껑 덮인 항아리와 그 안에 있던 금동 구층탑, 은제 도금 육각감(六角龕) 등이 발견되었다.

뚜껑 덮인 항아리는 짙은 녹청색 청자로 세로로 골이 진 모양을 하고 있는데 녹청색 유약의 강약이 뚜렷하게 드러나 강한 이미지를 풍긴다. 반면에 뚜껑은 마치 모란꽃 하나를 얹어놓은 듯 그 끝이 꽃잎 모양이다. 뚜껑 윗면에는 커다란 연꽃과 덩굴이, 안쪽에는 모란이 도드라지게 새겨져 있다. 또한 색깔도 몸체와는 다르게 녹황색이다. 튼튼한 줄기 위에 핀 한 송이 모란의 우아한 자태를 잘 나타내고 있다. 이러한 장식과 유약으로 보건대 중국 원나라 말 또는 명나라 초기 중국 용천요(龍泉窯)에서 만든 청자로 추측하고 있다.

금동 구층탑은 사각형의 평상형(平床形) 기단 위에 세워진

수종사 부도탑 사리장엄 중 금동 구층탑.
금동 구층탑은 고려시대에 유행한 공예탑 가운데 하나이다. 이러한 공예탑의 특징은 야외에 세위지는 보통의 석탑에 못잖게 세부적인데다가, 당시로는 조성되지 않았던 목탑 혹은 목조 건물을 형상화하고 있다는 점이다.

공예탑이다. 이러한 형태는 수종사 팔각 오층석탑과 마찬가지로 목조 건물을 기본으로 한 것이다. 옥개석의 모서리 부분에 표현된 기둥 모양과 기단의 안상 부분을 보면 목조 건축물을 충실히 나타내려 했다는 것을 느끼게 한다. 탑신 각 면에는 문이 있고

수종사 부도탑.
일명 정의옹주 부도탑으로,
세조의 딸 정의옹주의
사리를 봉안한 탑으로
알려져 있다.

문 옆에 격자무늬가 새겨진 창문과 옥개석의 기왓골 표현이 있어
목조 건물을 나타내려는 섬세함을 드러내고 있다. 각 층의 지붕돌
모서리에는 풍탁을 사슬로 꼬아 달았으며, 탑 위에는 네 면에
세워 장식한 꽃잎이 한 개씩 있다.
은제 도금 육각감은 표면에 아직도 도금색이 찬연하며 각부의
비례도 적합한 뛰어난 공예작품이다. 6면의 몸체는 연꽃 기단 위에

수종사 부도탑 사리장엄 중 은제 도금 다각당형 사리기. 금동 구층탑 안에 안치되어 있었으며 내부에 수정 사리병을 봉안하고 있었다.

있고, 상륜이 봉우리 모양을 한 아래로 4단의 기왓골이 표현되었다. 이 형태는 양평 용문사(龍門寺)의 윤장대(輪藏臺)와도 비슷한데, 각 면을 모란꽃 등으로 장식하였다.

수종사 | 창건연대는 확실하지 않으나, 1439년(세종 21) 세워진 정의옹주의 부도가 있는 것으로 보아 그 이전에 창건된 것으로 추정할 수 있다. 1459년(세조 5)에는 왕명으로 크게 중창되었다.
금강산에 다녀오던 길에 세조가 이수두(현재의 兩水里)에서 하룻밤을 묵었는데, 한밤중에 종소리가 들려오므로 날이 밝자 산으로 올라갔다. 한 암혈(巖穴) 속에서 16나한을 발견한 왕은 굴 속에서 물 떨어지는 소리가 암벽을 울려 마치 종소리처럼 들려온 것임을 알고, 여기에 절을 짓게 하고 수종사라 하였다. 조선 초의 문호 서거정(徐居正, 1420~88)이 동방 사찰 중 제일의 전망이라고 격찬한 명당으로도 이름이 높다. 중요문화재로는 보물 제259호 수종사 부도 내 유물과 경기도유형문화재 제22호 팔각오층석탑, 곧 이 정의옹주 부도탑 등이 있다.

36 가평 현등사 사리장엄

원통형 사리합은 고려에서 조선시대에 걸쳐 유행했다

조선 1470년
은제 원통형 사리합 높이 6.8cm, 입지름 5.8cm
수정 사리호 높이 4.0cm
호암미술관 소장

경기도 가평 현등사(懸燈寺)의 오층석탑에서 출토된 사리장엄이다. 은제 원통형 사리합 안에 수정 사리호와 사리 2과가 들어 있었다. 발굴이나 탑의 해체 때 발견된 것이 아니라 민간에 전해 내려오던 것인데, 사리합 표면에 사리구를 봉안하게 된 장소와 경위 등이 음각으로 새겨져 있어 현등사 사리장엄임을 알 수 있다. 명문에 의하면 1470년(성종 1) 세종 임금의 여덟 번째 아들 영응대군(永膺大君, 1434~1467)의 부인·딸·사위 등이 시주자가 되어 운악산(雲岳山) 현등사의 석탑을 개수하고 사리 5과를 봉안하였음을 알 수 있다. 따라서 사리장엄의 봉안연대와 관계된 사람들을 알 수 있는 중요한 자료가 된다. 그리고 사리호에 들어 있던 사리는 영응대군의 사리일 가능성이 크다. 만일 그렇다면 사리의 주인공을 알 수 있는 몇 안 되는 예가 될 뿐만 아니라, 왕실 발원임을 알 수 있어 당대 최고의 공예기술 수준을 이 사리기를 통해 짐작해볼 수 있는 기회가 되기도 한다.
원통형 사리합은 고려시대부터 조선시대에 걸쳐서 유행하였는데, 고려시대에는 기다랗고 내부에 아래 위로 2~3개의 칸막이가 있어 단(段)을 이루는 것과는 달리 조선시대로 내려오면 높이가 낮아지면서 내부의 칸막이가 없어져 통짜로 된다. 또한 재질도 고려시대의 것이 청동제임이 대부분인 데 비하여 조선에서는 은제도 나타났다.

현등사 사리장엄.
은제 원통형 사리합 안에 사리 2과가 봉안된 수정 사리병이 안치되어 있었다. 사리합 위에는 뚜껑이 덮여 있는데 평면이 수평이 아니라 위가 조금 볼록 나온 둥그스름한 모습이 특색이다. 수정 사리호는 팔각형 대좌 위에 공처럼 둥근 탑신을 하고 그 위에 마개를 덮은 모습이다. 마개 위에는 큼직한 보주형 꼭지가 달려 있다.

현등사 원통형 사리합과 비슷한 것으로 고려시대에는 김제 금산사 오층석탑 사리합과 안성 장명사(長命寺) 사리합이 있고, 조선시대의 것으로는 동아대학교 박물관 소장 청동 원통형 사리합과 현재 경복궁 경내로 옮겨진 봉인사(奉印寺) 부도에서 나온 은제 사리합 등이 있다.

수정(水晶) 사리호는 팔각 받침 위에 둥근 몸체가 얹혔고, 내부의 사리공을 마치 호리병처럼 매우 정교하게 안으로 깎아 만들었는데, 사리병을 따로 만들지 않고 겸한다는 뜻에서 이런 형태로 조성한 것으로 생각된다. 이러한 형태는 이보다 40년 뒤에 제작한 국립중앙박물관 소장 정덕(正德) 5년명 사리호와 아주 비슷해 당시에 유행하였던 양식으로 추정해볼 수 있다.

이 현등사 사리장엄은 왕실 발원이라는 점에서 당대 최고의 기술을 발휘하여 만든 것이다. 그래서 전체적으로 얇고 정교한 주조 기법이 눈에 띄며, 세부 기법에서도 정성스러우면서도 정교한 면을 충분히 보이고 있다.

현등사 | 신라 법흥왕 때 인도승 마라가미(摩羅訶彌)가 신라에 오자 왕이 그를 위해 절을 창건하고 산 이름을 운악산이라 하였으나, 창건 당시의 사찰명은 전하지 않는다. 그 뒤 수백 년 동안 폐사가 되었다. 898년(효공왕 2) 고려가 개경에 도읍을 정할 것을 미리 안 도선(道詵)이 송악산(松嶽山) 아래 약사도량으로 세 사찰을 창건하였으나 완공 뒤 지세를 살펴보니 동쪽이 허(虛)하였다. 이를 보전할 땅을 찾아 동쪽으로 여행하다가 운악산의 옛 절터에 이를 중창하였다. 1210년(희종 6)에 보조국사(普照國師)가 주춧돌만 남은 절터의 석등에서 불이 꺼지지 않음을 보고 중창하여 현등사라 했다고 한다.

영응대군 | 1434(세종 16)~1467(세조 13). 세종과 소헌왕후(昭憲王后) 심씨(沈氏)의 여덟째 아들로 이름은 염(琰)이다. 1441년 영흥대군(永興大君)에 봉해지고, 1443년에 역양대군(歷陽大君), 1447년에 영응대군으로 개봉되었다. 처음에 해주정씨(海州鄭氏) 참판 충경(忠敬)의 딸과 결혼하였고, 후취로 여산송씨(礪山宋氏) 판중추 복원(復元)의 딸을 맞아들였다. 1463년(세조 9) 『명황계감』(明皇誡鑑)의 가사를 한글로 번역하였고, 글씨와 그림에 능하고 음률에도 통달하였다. 시호는 경효(敬孝)이다.

37 고성 건봉사 사리탑 사리장엄

자장스님이 가져온 불사리를 봉안한 사리기이다

청동 외합 높이 11.7cm, 뚜껑 지름 18×18cm
은제 합 높이 8.7cm, 뚜껑 지름 12.5×12.5cm
금제 합 높이 7.3cm, 뚜껑 지름 10.5×10.5cm
사리통 높이 4.2cm, 지름 2.8×2.8cm

강원도 고성군 냉천리 건봉사(乾鳳寺)에 전하는 사리탑에는 조선시대에 사명(泗溟)대사가 봉안하였던 불사리가 전한다. 이 불사리는 636년(신라 선덕여왕 5)에 자장(慈藏)법사가 중국에서 불사리 100과를 가져와 통도사·월정사·법흥사·정암사·봉정암 등에 나누어 봉안하였던 것 가운데 일부이다. 임진왜란 때 왜군이 통도사 금강계단에 모신 불사리를 탈취해갔는데, 전후에 사명대사가 일본에 건너가 담판 끝에 되찾아왔던 것이다. 사명대사는 이 불사리를 통도사에 다시 봉안하였으나 언제 또 왜군이 침략할지 몰라 그 가운데 12과를 자신이 처음 의승군을 모았던 건봉사에 봉안하였다. 당시는 전쟁 직후라 탑을 세울 여력이 없어 그대로 간직하고만 있다가 1724년(경종 4)에야 지금의 사리탑을 세우고 불사리를 봉안하였다.
이 사리탑의 불사리는 1986년 도굴꾼에 의해 도난당했다가 몇 달 후 되찾았다. 그러나 사리장엄은 회수되었지만 사명대사가 봉안하였던 12과의 불사리 가운데 8과만 회수되었고 나머지 4과는 종내 찾지 못하였다.
사리기는 전부 4중으로 장엄되어 있었다. 그런데 「영아탑봉안비」(靈牙塔奉安碑)를 보면 1683년에 숙종 임금이 이 불사리를 봉안하도록 금은 합을 만들어 비단 보자기에 싸서 건봉사에 내려보냈다는 말이 있다. 실제로 이 건봉사 사리장엄의 구성은 먼저 황색 보자기 자락에 사리가 싸였고 이 보자기 자락은

건봉사 사리탑

다시 원통형 은제 사리통 안에 담겨져 있어서 앞에 든 기록과 어느 정도 일치하는 것을 알 수 있다.

이 사리통은 금제 사리합에 담기고, 금제 사리합은 다시 은제 사리합에 담겼다. 마지막으로 은제 사리합은 청동제 사리합에 안치되었다. 말하자면 불사리→은제 사리통→금제 사리합→은제 사리합→청동제 사리합의 순서로 봉안된 것으로, 금·은·동이라는 귀물(貴物) 순서에 따라 차례대로 겹쳐놓은 것이다. 그밖에 녹색 유리편이 있는데 이것은 아마도 사리병일 것이다. 현재 아주 가는 파편으로 부서져 있어서 쉽게 복원될 것 같지는 않지만, 남아 있는 파편으로 보건대 신라시대의 유리

건봉사 사리탑 사리장엄. 조선시대에 봉안한 청동·은·금으로 각각 만든 사리합 세 벌과 사리통 하나로 이루어져 있다.

아래 | 최근에 조성한 건봉사 사리장엄. 1986년 사리탑에서 사리장엄을 도굴당한 직후 사리를 되찾았다. 그러나 전체 12과 중 8과만 회수되었고, 나머지 4과는 찾지 못했다. 8과 중 5과는 이렇게 새로 만든 사리기 안에 놓았고, 나머지 3과는 사리탑에 다시 봉안하였다.

사리병으로 추정된다. 그렇다면 건봉사 사리장엄은 17세기에 처음
봉안되었으므로 이것은 신라시대에 자장법사가 불사리를 봉안할
때 사용하였던 사리병일 가능성이 있다. 왜군이 사리장엄째로
약탈해간 것을 사명대사가 그대로 가져왔으나 무슨 일 때문인지
사리병은 깨져버렸고, 나중에 사리탑을 세울 때 사리병 대신에
이렇게 황색 무명 보자기로 대신 사리를 감싼 것이 아닌가 한다.
그리고 깨진 사리병도 불사리를 봉안하였던 성물이므로 사리탑에
그대로 함께 봉안한 것이 아니었을까 추정해보는 것이다.
은제 사리통은 흔히 볼 수 있는 조선시대 사리통의 모습이다.
원통형 몸체 위에 뚜껑이 덮여 있는데, 뚜껑 위에는 길쭉한
손잡이가 달려 있다. 금·은·동으로 만들어진 사리합은
전체적으로 비슷한 모양이다. 세 개 모두 뚜껑이 덮여 있으며,
몸체나 뚜껑에 아무런 장식 무늬 없이 소박하게 꾸민 것은 18세기
초반 당시의 건실했던 사회 풍조와 무관하지 않다. 이 사리장엄은
현재 건봉사에 비장(秘藏)되어 공개를 통제하고 있다.
한편 건봉사에서는 1996년 8과의 사리 중 3과를 본래의 사리탑에
다시 봉안하고 나머지 5과는 금제 사리합을 새로 만들어
안치하였다. 이 금제 사리합에 봉안된 불사리는 특별히 만든 보안
시설 속에 보관해놓고 신도들이 친견할 수 있도록 하였다.
이 불사리는 특히 매우 보기 드문 치아(齒牙) 사리로 알려져 있다.

건봉사 | 520년(법흥왕 7) 아도(阿道)가 창건하고 원각사라 하였으며, 758년(경덕왕 17) 발징(發徵)이 중건하고 정신(貞信)·양순(良順) 등과 10,000일 동안 염불을 계속하는 염불만일회(念佛萬日會)를 베풀었는데, 이것이 우리나라 만일회의 효시이다. 여기에 신도 1,820명이 참여하였는데, 그 중 120명은 의복을, 1,700명은 음식을 마련하여 염불인들을 봉양하였다. 782년 염불만일회에 참여했던 31명이 아미타불의 가피를 입어 극락왕생하였고, 그 뒤 참여했던 모든 사람들이 차례로 왕생했다고 한다. 신라 말에 도선(道詵)이 중수한 뒤 절의 서쪽에 봉형(鳳形)의 돌이 있다고 하여 서봉사(西鳳寺)라 하였으며, 1358년(공민왕 7) 나옹(懶翁)이 중건하고 건봉사라 하였다. 1911년 조선사찰령에 따라 31본산의 하나가 되어 한국전쟁 전까지 사세가 유지되었다.

사리장엄 연표

〈표1〉 기록을 통해 본 신라의 불사리 전래

연 도	관계내용	관계문헌	비 고
549년 (진흥왕 10)	중국 양나라에서 사신을 보내 불사리 약간을 전함	『삼국유사』	
576년 (진지왕 1)	안홍이 중국 진(陳)나라에서 불사리를 봉송해옴	『삼국유사』	
582년 (진평왕 4)	양나라에서 봉송해온 불사리 가운데 1,200과를 동화사에 봉안하고 나머지는 여러 사찰에 분안함	「금당탑기」	분사리 또는 변신사리
643년 (선덕왕 12)	자장이 당나라로부터 불정골(佛頂骨)·불아(佛牙) 등의 불사리 100립을 가져옴	『삼국유사』	
646년 (선덕왕 15)	자장이 봉송해온 불사리를 통도사에 봉안	「축서산 통도사 금강계단 봉안세존사리」 『삼국유사』	
851년 (문성왕 13)	원홍이 당에서부터 불아를 봉송해옴		
863년 (경문왕 3)	동화사에 석탑을 세우고 사리 7립을 봉안	「금당탑 세존사리」	
875년 (헌강왕 1)	863년에 세운 석탑을 금당 쪽으로 이건	「금당탑 세존사리」	1958년 사리장엄 발견

〈표2〉 통일신라 사리장엄 중 제작연대가 확실한 작품

번호	명칭	시대	원소재지	발견유물
1	분황사 모전석탑 사리장엄	634년	경주시 구황동	사리석함, 은함, 자라 병형(甁形) 용기, 녹색 유리 사리병, 각종 금동 장식구, 침통(針筒), 금제 바늘, 은제 바늘, 은제 거울, 가위, 곡옥(曲玉), 수정, 각종 구슬, 집게, 조개류, 상평오수(常平五銖)·숭녕중보(崇寧重寶) 동전
2	태화사(太和寺) 탑	643년	울산광역시	『삼국유사』에 자장이 사리를 모셔와 봉안하였다는 기록이 있음.
3	황룡사 구층목탑 사리장엄	645년 871년, 고려	경주시 구황동	금동 사리외함 파편, 금동 내함(찰주본기), 금합·은합, 청동 소원통(小圓筒), 청동 직사각형 소함(小函), 염주, 금동 팔각당형 사리기, 은제 당초문 원판(圓板), 은제 소원판
4	감은사 서 삼층석탑 사리장엄	682년	경주시 양북면 용당리 55-1	금동 사각형 감(龕), 청동 보각형 사리기, 사리 1과, 수정 사리병, 경전, 청동 숟가락, 집게, 묵서편
5	감은사 동 삼층석탑 사리장엄	682년	경주시 양북면 용당리 55-1	금동 사리기 내·외함, 사리 54과 수정 사리병 등
6	전 황복사지 삼층석탑 사리장엄	706년	경주시 구황동 103	금동 사리외함, 은제 상자형 함, 금제 상자형 함, 금제 불상 2위, 녹유리병 파편, 사리 4립, 유리 구슬, 은제 및 금동 고배 2
7	불국사 삼층석탑 사리장엄	751년	경주시 진현동	금동 상자형 투조 사리외함, 은제 사리외함, 은제 사리내함, 녹유리 사리병, 금동 직사각형 탑무늬 사리합, 향목 사리병, 은제 사리호, 은제 사리호, 『무구정광대다라니경』, 경전, 소(小)목탑 12, 금동 합 4, 관옥, 청동 비천상, 곡옥, 구리 거울 2, 향목편, 먹, 동환(銅環), 수정, 옥류 다수, 유향(油香) 3, 향목편

8	신라 백지묵서(白紙墨書) 『대방광불화엄경』	755년	미상	사리 2과, 『대방광불화엄경』
9	갈항사지 동서 삼층석탑 사리장엄	758년	경북 김천시 남면 오봉리	동탑 : 금동 사리병, 청동 외호, 도자기편, 종이 조각 서탑: 금동 사리병, 청동 외호, 종이 조각
10	석남사지 영태2년명 납석 호	766년	경남 산청군 삼장면 대포리 석남사지 관음암	납석 사리호, 금동 상자형 함, 한지 뭉치
11	전 안성 영태2년명 사리장엄	766년 993년	전 경기도 안성시 이죽면 매산리	납석 지석, 청동 사리병
12	법광사지 삼층석탑 사리장엄	846년, 1746년	경북 포항시 신광면 상읍동	납석제 사리호, 사리 8립, 청동 사리호, 탑지석 2
13	전 흥법사 염거화상 부도탑지	844년	강원도 원주시 지정면 안창리 517-2 흥법사지	동판 탑지
14	창림사 삼층석탑 사리장엄	855년	경북 경주시 내남면 배리	『무구정광대다라니경』, 동제 경통(經筒), 동제 용기, 동제 명문판, 개원통보(開元通寶) 동전, 구리 거울, 유리, 옥류
15	동화사 비로암 삼층석탑 사리장엄	863년	대구광역시 동구 도학동	납석제 사리호, 은제 사리병, 녹유리 사리병, 금동 사리함, 소목탑 3, 금동판 4매

16	축서사 삼층석탑 사리장엄	867년	경북 봉화군 물야면 개단리	납석제 사리호
17	운문사 작압전 사리장엄	865년 1642년	경북 청도군 운문면 신원리	석함, 납석 사리외합, 청동 합, 청동 사리병, 구슬 5, 영락통보(永樂通寶) 동전, 소석편(小石片) 일괄
18	보림사 남북 삼층석탑 사리장엄	870년 1478년 1535년 1684년	전남 장흥군 유치면 봉덕리	납석제 사리호, 사리 4과, 납석 동탑지, 납석 서탑지, 놋쇠 합 3, 백자 접시, 향목편, 가사편(袈裟片)
19	동화사 금당암 동탑 사리장엄	875년 1544년 1794년	대구광역시 동구 도학동	금동 외합, 금동 중합, 은제 사리내함, 소석탑 다수, 납석 탑지석(2매, 1966년 발견), 목판탑지(1969년 발견)
20	선방사 탑지석	879년	경주시 내남면 배리	직사각형 탑지석
21	중화3년명 사리기	883년	황룡사 목탑지 도난 유물과 동시수습	금동 원통형 사리기
22	해인사 묘길상탑 사리장엄	895년	경남 합천군 가야면 치인리	소조(塑造) 소탑 157기, 전제(塼製) 탑지 4매
23	통도사 금강계단 사리장엄	7세기	경남 양산시 하북면 지산리	석함, 유리통, 사리 4과
24	개보·태평 흥국명 석제 사리원호	975년 983년		함체와 뚜껑을 구비한 녹유호(綠釉壺)

〈표3〉 통일신라시대 상자형 사리함의 종류

번호	명칭	크기(cm)	특징	제작연대
1	전 황복사지 삼층석탑 금동 사리외함	21.8×30	뚜껑에 『무구정광대다라니경』이, 벽면에 소탑들이 점선으로 새겨짐.	706년
2	나원리 오층석탑 사리장엄			8세기
3	동화사 비로암 삼층석탑 금동 사리판 4매	15.3×14.2	상하면이 없는 금동 판 4매에 연결 구멍이 있어서 사각형의 상자를 구성함.	863년
4	황룡사 구층목탑지 금동 사리외함	23.5×22.5	한 벽면에 신장입상(神將立像) 2기씩 모두 8기가 새겨짐.	872년
5	전 남원 출토 금동 사각형 사리기		기대(器臺) 형태의 기단부, 상자형 함체, 그리고 신장상(神將像) 2위 등으로 구성.	8~9세기
6	빙산사지 오층석탑 금동 사리함	높이 9.9	사면의 벽에 양식화된 봉황문이 투조(透彫)되고 뚜껑에 연봉오리 형태의 손잡이가 마련됨.	9세기
7	경주 동천동 청동 상자형 사리함	6×5.6×5.3	사면의 벽에 사천왕상, 뚜껑에 꽃무늬를 장식. 뚜껑에 연봉오리 형태의 손잡이가 달려 있음	9세기
8	익산 왕궁리 오층석탑 금동 사리외함	16.4×18.8 ×12.3	외함 내부에 금제 사각형 사리함이 들어 있었으며, 표면을 주칠(朱漆)하였음.	9~ 10세기

사리장엄을 이해하는 데 도움이 되는 자료

국내 보고서 및 단행본 저서

高裕燮, 『韓國塔婆의 硏究』, 同和出版公社, 1975.

國立文化財硏究所, 『경주 나원리 오층석탑 사리장엄』, 1998.

國立文化財硏究所, 『감은사 동 삼층석탑 사리장엄』, 2000.

國立中央博物館, 『佛舍利莊嚴』, 1991.

金載元·尹武炳, 『感恩寺址發掘調査報告書』, 國立博物館 特別調査報告 第二冊, 乙酉文化社, 1961.

金禧庚, 『韓國塔婆舍利目錄』, 考古美術同人會, 1965.

_____, 『韓國塔婆硏究目錄』, 考古美術同人會, 1968.

_____, 『增補 韓國塔婆目錄·韓國塔婆舍利目錄』, 1994.

『사리구』(빛깔있는 책들 103-9), 대원사, 1997.

朴範薰, 『韓國 佛敎音樂史 硏究』, 藏經閣, 2000.

朴洪國, 『韓國의 塼塔硏究』, 學硏文化社, 1998.

李弘稙, 『韓國古文化論攷』, 乙酉文化社, 1954.

張忠植, 『韓國의 塔』, 一志社, 1989.

張忠植 等, 『佛舍利信仰과 그 莊嚴 ─ 韓·中·日 舍利莊嚴具의 綜合的 檢討 ─』, 特別展 紀念 國際 學術심포지엄, 通度寺 聖寶博物館, 2000. 6.

鄭永鎬, 『부도』, 빛깔있는 책들 56, 대원사, 1990.

鄭永鎬·秦弘燮·黃壽永, 『佛國寺三層石塔舍利具와 文武大王海中陵』, 韓國精神文化硏究院, 1997.

通度寺聖寶博物館, 『佛舍利信仰과 그 莊嚴』, 2000.

국내 논문

姜舜馨, 「新羅舍利裝置硏究」, 弘益大學校 碩士學位論文, 1987.

_____, 「感恩寺塔內舍利器 奏樂 舞童像論」, 『考古美術』 제178호, 1988.

_____, 「신라사리그릇 틀론; 新羅 舍利器 形式論」, 『文化財』 제27집, 1994.

_____, 「한국에 끼친 인도의 옛 사리차림새」, 『美術史』 제11호, 1998.

姜友邦, 「佛舍利莊嚴論」, 『佛舍利莊嚴』, 국립중앙박물관, 1991.

金吉雄,「雲門寺 鵲岬殿出土 舍利具에 대하여」,『慶州史學』, 제9집, 1990.

金姸秀,『統一新羅時代 舍利莊嚴에 關한 硏究』, 서울大學敎 석사학위논문, 1992.

_____,『韓國 舍利器에서의 '寶帳' 형식에 대한 考察』,『美術資料』제65호, 國立中央博物館, 2000.

金永培,「扶餘 長蝦里石塔의 舍利藏置」,『考古美術』제32호, 1963.

_____,「公州 新豊 三層石塔內 發見遺物」,『考古美術』제37호, 1964.

_____,「新元寺 石塔 舍利具」,『百濟文化』제10집, 공주사범대학교, 1977.

金元龍,「唐朝의 舍利塔」,『考古美術』, 제33호, 1963.

金恩珠,『韓國舍利莊嚴具에 關한 硏究』, 홍익대공예과 석사학위논문, 1986.

金載元,「松林寺 磚塔」,『震壇學報』, 제29·30합집, 1966.

金載元·尹武炳,「西三層石塔과 發見된 舍利關係遺物」,『感恩寺址 發掘調査報告書』, 국립박물관, 1961.

金周泰,「昌寧述亭里 東三層石塔의 舍利具」,『考古美術』제70호, 1966.

金禧庚,「法泉寺智光國師玄妙塔의 舍利」,『考古美術』제63·64합호, 1965.

_____,「淸凉寺三層石塔의 舍利藏置孔」,『考古美術』제65호, 1965.

_____,「春宮里 兩塔內 發見遺物과 補修槪要」,『考古美術』제68호, 1966.

_____,「韓國塔婆의 舍利莊置小考」,『考古美術』제106·107합호, 1970.

_____,「韓國의 塔銘考」,『考古美術』제109호, 1971.

_____,「韓國 建塔因緣의 變遷-願塔을 中心으로」,『考古美術』제116호, 1972.

_____,「韓國無垢淨小塔考」,『考古美術』제127호, 1975.

_____,「桐華寺 金堂庵西塔內發見 蠟石製小塔의 樣式」,『考古美術』, 제129·130합호, 1976.

_____,「韓國塔婆의 舍利甁樣式考」,『考古美術』제138·139합호, 1978.

_____,「韓國塔內 舍利容器의 記銘變遷考」,『考古美術』, 제146·147합호, 1980.

_____,「統一新羅時代의 金屬製舍利具」,『考古美術』제162·163합호, 1984.

_____,「塔內舍利容器의 變遷考-印度·中國·日本을 中心으로-」,『蕉雨黃壽永博士 古稀紀念 美術史學論叢』, 通文館, 1988.

文明大,「龍門寺一浮屠의 舍利裝置」,『考古美術』제85호, 1967.

朴敬源,「金海郡의 佛蹟」,『考古美術』제73호, 1966.

_____,「永泰二年銘 石造毘盧遮那佛坐像-智異山 內院寺石佛探査始末-」,『考古美術』제168호, 1985.

朴敬源·丁元卿,「永泰二年銘蠟石製壺」,『年報』6, 釜山直轄市立博物館, 1983.

朴範薰,「佛典에 기록된 音樂用語에 관한 연구」,『韓國文化의 傳統과 佛敎』, 중앙대학교 출판부, 2000.

朴日薰,「法廣寺址와 釋迦佛舍利塔碑」,『考古美術』제47·48합호, 1964.
_____,「慶州出土의 靑銅舍利盒」,『考古美術』제50호, 1964.
_____,「慶州狼山西麓의 木塔址」,『考古美術』제63·64합호, 1965.
成春慶,「光山新龍里五層石塔 舍利具」,『考古美術』제169·170합호, 1986.
宋昌漢,「塔內의 舍利安置에 대한 小考」,『中岳志』제9호, 1999.
申大鉉,「英陽 三池洞 模塼三層石塔 舍利莊嚴 小攷」,『文化史學』제11·12·13합호, 韓國文化史學會, 1999.
_____,「中國 陝西省 法門寺塔 舍利莊嚴 小攷」,『母岳實學硏究』제13·15합집, 母岳實學會. 2000.
申榮勳,「法住寺 捌相殿 舍利裝置」,『建築士』제171호, 1983.
尹武炳,「驪州 下里三層塔 및 倉里三層塔의 內部裝置」,『考古美術』제6호, 1961.
李箕永,「佛身에 관한 硏究」,『佛敎學報』제3·4합집, 1966.
李相洙,「金銅製舍利龕(感恩寺址出土)의 科學的 保存處理」,『美術資料』제39호, 1987.
李殷昌,「扶餘 舊衙里 寺址心礎石」,『考古美術』제47·48합호, 1964.
_____,「東院里 石塔內 發見 遺物」,『史學研究』제17호, 1964.
_____,「忠南 散逸文化財-聖住寺金屬佛·普願寺石塔金屬相輪·伽倻寺石塔 其他-」,『考古美術』제91호, 1968.
_____,「東院里 石塔內 發見 蠟石製小塔補」,『考古美術』제93호, 1968.
李仁淑,「韓國石塔의 佛舍利 安置位置와 莊嚴內容에 對한 考察」,『韓國學論集』제13권, 漢陽大學校, 1988.
李弘稙,「慶州狼山東麓三層石塔內發見品」,『韓國古文化論攷』, 乙酉文化社, 1954.
_____,「桐華寺 金堂庵西塔 舍利裝置」,『亞細亞硏究』1-2, 高麗大學校 亞細亞問題硏究所, 1958.
_____,「慶州 佛國寺 釋迦塔 發見의 無垢淨光大陀羅尼經」『白山學報』제4호, 1968.
張忠植,「新羅時代 塔婆舍利莊嚴에 對하여」,『白山學報』제21호, 1976.
_____,「桃李寺 舍利塔의 調査」,『考古美術』제135호, 1977.
_____,「韓國 佛舍利의 분포와 전래」『法輪』제129호, 1979.
_____,「韓國 佛舍利 信仰과 그 莊嚴」,『佛舍利信仰과 그 莊嚴-韓·中·日 舍利莊嚴具의 綜合的 檢討-』, 特別展 紀念 國際 學術심포지엄, 通度寺 聖寶博物館, 2000.
鄭吉子,『신라 유리 용기에 대한 고찰』,『논문집』제1집, 釜山慶尙專門大, 1981.
鄭明鎬,「土製 및 石製小型塔의 新例」,『考古美術』제39호, 1964.

鄭良謨,「驪州 神勒寺 逸名浮屠內 發見 舍利盒」,『考古美術』제94호, 1968.

鄭永鎬,「水鐘寺石塔內發見 金銅如來像」,『考古美術』제106·107합호, 1970.

_____,「慶州警察署內의 石造物들」,『考古美術』제121·122합호, 1974.

秦弘燮,「銀製 鍍金 舍利盒」,『考古美術』제5호, 1961.

_____,「光州西五層石塔의 舍利裝置」,『美術資料』제5호, 1964.

_____,「禪林院址三層石塔內發見小塔」,『美術資料』제9호, 1964.

_____,「安東 臨河洞 三層石塔內 舍利裝置」,『考古美術』제66호, 1966.

_____,「金銅製 小塔形」,『考古美術』제67호, 1966.

_____,「皇龍寺塔址舍利孔의 調査」,『美術資料』제11호, 1966.

_____,「堤川長樂里 模塼石塔舍利孔」(資料),『考古美術』제90호, 1968.

千惠鳳,「高麗初期刊行의 一切如來心秘密 全身舍利寶篋印陀羅尼經」,『圖書館學報』제2집, 중앙대학교, 1973.

_____,「佛國寺 釋迦塔 發見의 無垢淨光大陀羅尼經」, 韓國古印刷千三百年特別展示講演圖錄, 1990.

崔夢龍,「靈岩 淸風寺址石塔內 發見遺物」,『考古美術』, 제116호, 1972.

崔淳雨,「法住寺 捌相殿의 舍利藏置」,『考古美術』제100호, 1968.

崔完秀,「檜巖寺址 舍利塔의 建立緣起」,『考古美術』제87호, 1967.

崔元禎,「漆谷 松林寺 五層塼塔 佛舍利莊嚴具 研究」, 大邱가톨릭大學校 藝術學科 碩士學位論文, 2000.

崔鍾圭,「百濟 銀製冠飾에 關한 考察」,『美術資料』제47호, 國立中央博物館, 1961.

洪思俊,「昇安寺址 三層石塔內 發見遺物」,『考古美術』제27호, 1963.

_____,「巨師最賢의 舍利壇部材」(資料),『考古美術』제60호, 1965.

_____,「月精寺 八角九層石塔 解體復原略報」,『考古美術』제112호, 1971.

_____,「扶餘 定林寺址 五層石塔-實測에서 나타난 事實-」,『考古美術』제47·48합호, 1964.

黃壽永,「日本 大阪 美術館의 李朝舍利塔」,『考古美術』제15호, 1961.

_____,「高麗在銘 舍利塔」,『考古美術』제19·20합호, 1962.

_____,「高麗 金銅舍利塔과 靑瓷壺」,『考古美術』제18호, 1962.

_____,「奉化西洞里 東三層石塔의 舍利具」,『美術資料』제7호, 1963.

_____,「新羅 塔誌石과 舍利壺」,『美術資料』제7호, 1963.

_____,「靑陽定山九層石塔의 舍利孔」,『考古美術』제65호, 1965.

_____,「益山 王宮里五層石塔內 發見遺物」,『考古美術』제66호, 1966.

_____,「益山 王宮里 石塔 調査」,『考古美術』제71호, 1966.

_____,「新羅敏哀大王石塔記」,『史學志』제3집, 1969.

_____,「新羅 法光寺 石塔記」,『白山學報』제8호, 1970.
_____,「新羅 皇龍寺 九層塔誌」,『考古美術』제116호, 1972.
_____,「多寶塔과 新羅八角浮屠」,『考古美術』제123·124합호, 1974.
_____,「新羅皇龍寺九層石塔 刹柱本記와 舍利具」,『皇龍寺遺蹟發掘調査報告書 I』, 문화재관리국 문화재연구소, 1984.
_____,「九層木塔의 刹柱本記와 舍利具」,『皇龍寺遺蹟發掘調査報告書 I』, 문화재관리국 문화재연구소, 1984.

외국 단행본 저서

奈良國立博物館,『佛舍利の美術』, 1975.
奈良國立博物館,『佛舍利の莊嚴』, 東湖社, 1983.
杉本卓洲,『イント佛塔の研究』, 平樂寺書店, 1984.
景山春樹,『舍利信仰』, 東京美術, 1986.
石興邦 編,『法門寺地宮珍寶』, 陝西人民美術出版社, 1989.
張延皓 等,『法門寺』, 中國陝西族瀟出版社, 1990.
陳景富,『法門寺史略』, 陝西人民教育出版社, 1990.
韓翔·朱英榮,『龜玆石窟』, 新疆大學出版社, 1990.
上原 和,『玉蟲廚子』, 吉川弘文館, 1991.
龍谷大學350周年紀念學術企畵出版編集委員會,『佛教東漸』, 1991.
羅哲文,『中國古塔』, 外文出版社, 1994.
吳立民·韓金科,『法門寺地宮唐密曼茶羅之研究』, 中國佛教文化出版有限公司, 1998.
韓金科·趙申祥,『法門寺』, 五洲傳播出版社, 1998.
韓金科 編著,『法門寺文化史』上·下, 五洲傳播出版社, 1998.
韓金科,『從佛指舍利到法門寺文化』, 東方出版社, 1998.
新潟縣立近代美術館,『唐皇帝からの贈り物展』, 朝日新聞社, 1999.

국외 논문

Chewon Kim, *Treasures from Songyimsa Temple in Southern Korea*, Artibus Asiae, Vol. XXII, 1/2, 1960.
姜友邦,「韓國古代の舍利供養具·地鎭具·鎭壇具」,『佛教藝術』209호, 1993.
高田 修,「インドの佛塔と舍利安置法」,『佛教藝術』11집, 1951.
_____,「ガニシュカ大塔及ぴ舍利容器の再檢討」,『美術研究』181호, 1955.
_____,「佛塔と舍利」,『佛教美術史論考』, 中央公論出版, 1969.
谷 一尙,「松林寺のがラス製舍利容器」,『論叢佛教美術史』, 吉川弘文館, 1986.

今西 龍,「奉化鷲棲寺舍利石盒刻記」,『新羅史研究』, 國書刊行會, 1970.

末松保和,「昌林寺無垢淨塔願記」,『新羅寺の諸問題』, 東洋文庫, 1954.

梅原末治,「韓國慶州皇福寺塔發見の舍利容器」,『美術研究』156, 1950.

_____,「前後の韓國における佛塔舍利具の諸出土品について」,『史迹と美術』, 39-9, 1969.

木內武男,「舍利莊嚴具について」,『MUSEUM』127, 1961.

上原 和,「朝鮮·中國の遺物から見た法隆寺金堂建築の樣式年代(上)-初唐樣式の受容と和樣化された飛鳥樣式との混淆-」,『佛教藝術』제194호, 1991.

_____,「朝鮮·中國の遺物から見た法隆寺金堂建築の樣式年代(中)-初唐樣式の受容と和樣化された飛鳥樣式との混淆-」,『佛教藝術』제196호, 1991.

陝西省法門寺考古隊,「扶風法門寺塔唐代地宮發掘簡報」,『文物』 1988년 10기, 1988.

陝西省法門寺考古隊,「法門寺文物簡介」,『法門寺地宮珍寶』, 陝西人民美術出版社, 1988.

熊谷宣夫,「クチャ將來の彩畵舍利容器」,『美術研究』, 제191호, 1989.

伊東照司,「サーンチー大塔の信仰的意義-塔門の浮彫と碑文にみる佛舍利安置の可能性-」,『佛教藝術』제158호, 1985.

田邊勝美,「カニシュカ王と所謂カニシュカ舍利容器-古錢學的考察と新資料の紹介-」,『佛教藝術』제173호, 1988.

河田 貞,「インド·中國·朝鮮の佛舍利莊嚴」,『佛舍利の莊嚴』, 同朋舍, 1983.

_____,「佛舍利と經の莊嚴」,『日本の美術』第280號, 至文堂, 1989.